さまざまなブタ品種（主要品種，在来品種など）

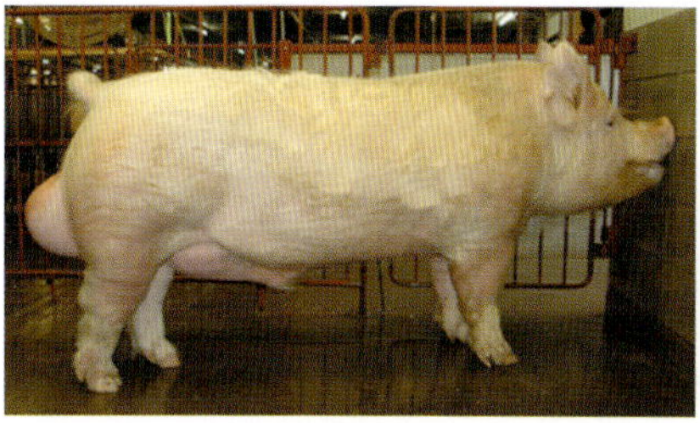

大ヨークシャー（ラージホワイト）（写真提供：富士農場サービス）

ランドレース（写真提供：宮城県畜産試験場）

デュロック（写真提供：宮城県畜産試験場）
大ヨークシャー・ランドレースと本種を交配した三元交雑豚が現代の肉豚生産の主力である．

バークシャー（正田監修，1987*より）
肉質が評価され，「黒豚」として純粋種が九州南部を中心に飼育される．

中ヨークシャー（正田監修，1987*より）
かつて国内飼養頭数の８割ほどを占めた時期もあったが，現在の飼育頭数はきわめて少ない．

アグー（写真提供：沖縄県畜産研究センター）
沖縄の在来豚．一時は絶滅が危惧されたが，関係者の尽力により現在は復活している．

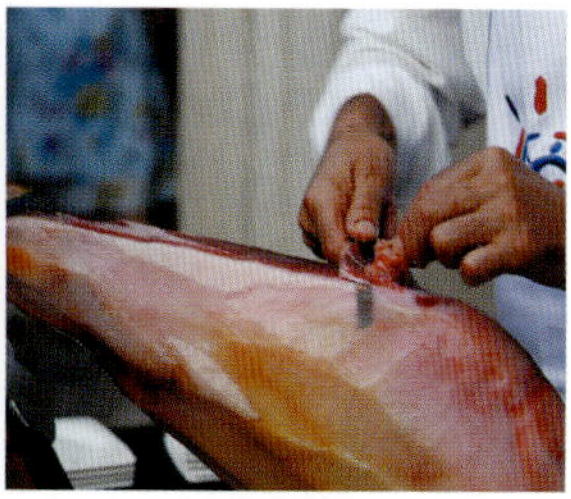

イベリコ豚と，そのもも肉を用いた伝統的な生ハム（写真提供：Carlos Sanudo，鈴木啓一）
「イベリコ豚」とは，スペインの在来種であるイベリア種（もしくはイベリア種とデュロックの交配種）を，放牧などの特別な飼育法で育てたものをいう．

*正田陽一監修（1987）：世界家畜図鑑，講談社．

ミニチュアピッグ（ミニブタ）および超小型豚（写真提供：富士農場サービス）
もともと実験動物としてつくられた品種群だが，ペットとしても人気がある．近年では通常のミニブタよりさらに小さい「超小型豚」も開発されている．左写真のブタはいずれも 7 ヶ月齢の雌で，奥から一般豚（140 kg），ミニブタ（ゲッチンゲン種，32.5 kg），超小型豚（8.9 kg）．

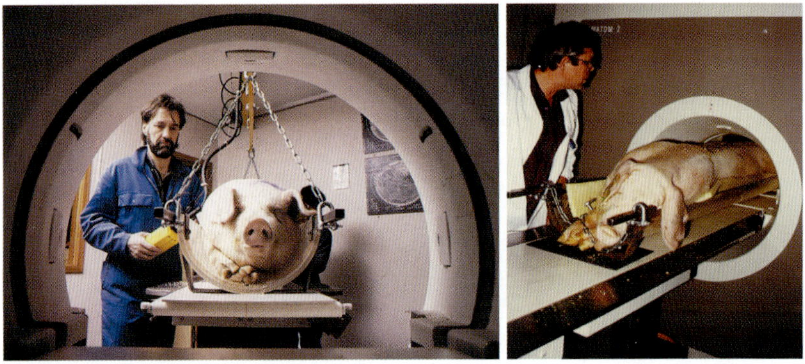

CT スキャンを用いた非破壊的体組成推定（ノルウェー農科大学にて，鈴木啓一撮影）
ブタの皮下脂肪厚やロース面積などを生きた状態で測定する機器の開発により，産肉能力の育種改良のスピードは大きくアップした．［本文 p.8 参照］

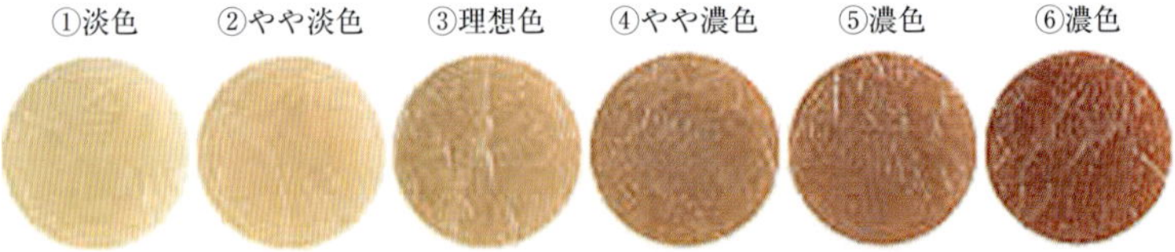

ポークカラー・スタンダード（胸最長筋における肉色判定）**

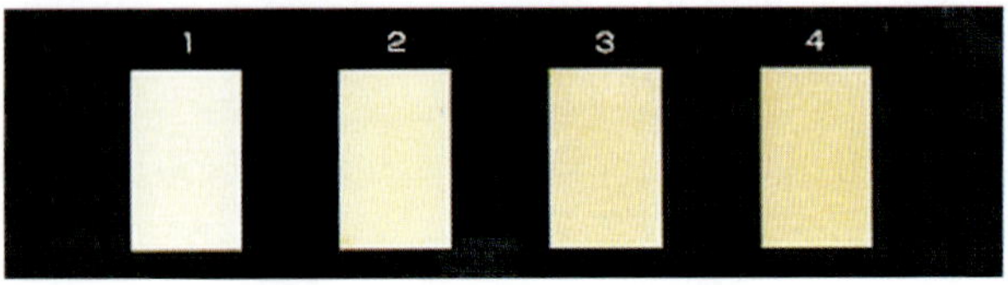

ポークカラー・スタンダード（脂肪色判定）**

（**：実物の樹脂模型の色とは若干異なる可能性があります．）

シリーズ〈家畜の科学〉

2

ブタの科学

鈴木啓一
【編集】

朝倉書店

編集者

鈴木啓一　東北大学 大学院農学研究科

執筆者（執筆順）

鈴木啓一　東北大学 大学院農学研究科（1章，3章，10章）
纐纈雄三　明治大学 農学部（2章）
高田良三　新潟大学 農学部（4章，5.1〜5.2節）
入江正和　宮崎大学 大学院農学工学総合研究科（5.3節，7章，8章）
伊東正吾　麻布大学 獣医学部（6章）
小林栄治　農研機構 畜産草地研究所（9章）
渡辺一夫　株式会社 ピグレッツ（11.1節，11.3節）
矢原芳博　日清丸紅飼料株式会社（11.2節）
大井宗孝　豊浦獣医科クリニック（11.4節）
押田敏雄　麻布大学 獣医学部（12章）
種村健太郎　東北大学 大学院農学研究科（13.1節）
佐藤衆介　東北大学 大学院農学研究科（13.2節）

序

わが国の養豚はこの30年間に劇的に変化した．1983年の飼養戸数約10万戸が1993年には2万5千戸と1/4に減少し，2003年には1万戸を割って9430戸，2013年には5570戸まで，じつに1/20に激減．一方，1戸あたりの飼養頭数は，1983年の102頭から1993年には426頭，さらに，2003年，2013年にはそれぞれ1031頭，1740頭と，30年間で17倍に増加．この間，飼育頭数は1983年の1027万頭から最盛期の1989年には1187万頭まで増加し，その後2013年までの10年間は970万頭前後で推移している．他の畜種も同様に推移しており，採卵鶏に関しては飼養戸数が1/50に減少し，1戸あたり飼養羽数は58倍と養豚よりも変化が大きい．また，肉用牛と乳用牛は，それぞれ戸数が1/6と1/4に減少し，1戸あたりの飼育頭数は，6倍と3.5倍に増加した．この間，採卵鶏飼育羽数は変化がなく，肉用牛の飼育頭数は増加，乳用牛は減少している．いずれの畜種でも，種畜の遺伝的改良と飼養環境改善等により生産効率が大幅に改善されてきた．畜産業を支える技術学である学問分野の家畜育種学，繁殖生理学や飼料・栄養学，さらには，疾病予防と衛生管理学，糞尿処理などの技術の発展を基盤に，わが国の養豚は発展してきたと考えられる．

養豚に関する書籍としては笹崎龍雄氏の『養豚大成』(1953年初版，養賢堂)，丹羽太左衛門博士編著の『養豚ハンドブック』(1994年，養賢堂)，田中智夫博士の『ブタの動物学』(2001年，東京大学出版会）などの優れた著作がある．特に，『養豚ハンドブック』は多くの専門家が執筆した実践的な書籍として，今でも養豚にかかわる研究者が座右に置くべき名著である．しかし，前述したようにこの30年間に，国内はもとより海外の養豚事情は大きく変化した．生産性を高めるための飼養管理環境や育種改良方法なども変わり，飼育規模の拡大に伴い多様な疾病も増加した．こうした状況を踏まえ，本書は養豚の生産現場に詳しい実践的な研究者を中心に配置し編集された，ブタに関する専門書である．イノシシから家畜化されたブタの起源（1章)，現在の国内および世界の養豚生産システム（2章)，そしてブタの栄養と飼料（4章，5章)，繁殖（6章)，解剖（7章）と肉質，豚肉枝肉規格と流通（8章），遺伝と育種（9章，10章），疾病と衛生対策（11章），環境問題と糞尿処理（12章），さらには，動物福祉や医学用の実験動物としての利用価値などのトピックス（3章，13章）も紹介した．

ウシ（原牛：オーロックス）やウマの野生の祖先は絶滅したが，ブタの祖先であるイノシシは世界各地に存在するため家畜化されたブタとの比較が可能であり，文化史的な観点からも興味がもたれ研究が進んでいる．また，ウシ，ヤギ，ヒツジなどの家畜は草食性であるのに対し，ブタは唯一雑食性で主食は植物だが，爬虫類や昆虫，貝類などの動物も食べるという点において，環境への適応力，繁殖能力に優れるなどの特徴をもつ．映画『ベイブ（Babe）』（1995年，アメリカ）で，意地悪な猫から「ブタはご主人に食べられる運命にある」ことを教えられ，自分の運命に衝撃を受けた主人公（ブタ）のベイブが，発作的に夜の雨の中に飛び出すシーンがある．ブタの立場から考えると人間に食べられるためにだけ存在するが，人間にとっては，さまざまな美味しい料理の食材としての肉を提供してくれる存在だけにとどまらない．さらに，「生理学的にみると，人間は立って歩くブタであり，ブタは地を這う人間である．したがって，体重が等しいならば，人間とブタとの臓器はまったくの互換性をももつ」と言われるほどブタの臓器は人間の臓器と似ており，移植の対象として考えられてきた経緯もある．意地悪な猫に対するまさにベイブの面目躍如といったところか．養豚業に携わる読者，研究者，技術者の方々，さらには一般の読者にとって，ブタに関する研究と技術情報を知るうえで本書が多少でもお役に立つことを期待したい．

最後に，本書の編集にあたり朝倉書店の編集部にはたいへんお世話になった．深くお礼申し上げる．

2014年2月

鈴木啓一

目　　次

1.　ブタの起源と改良の歴史 …………………………［鈴木啓一］…1
1.1　ブタの分類 ……………………………………………………1
1.2　ブタの家畜化……………………………………………………3
1.3　ブタの家畜化の目的と品種の展開………………………………4

2.　世界と日本のブタの生産システム ……………………［纐纈雄三］…10
2.1　世界の豚肉消費量……………………………………………10
2.2　世界のブタ飼養頭数と豚肉生産および輸出入量……………10
2.3　ブタ生産のシステム…………………………………………15

3.　ブ タ の 特 徴 …………………………………………［鈴木啓一］…26
3.1　肉資源としてのブタの歴史……………………………………27
3.3　ヒトの医療へのブタの利用……………………………………28

4.　ブタの栄養，栄養要求量と給餌法 ……………………［高田良三］…32
4.1　ブタ飼料のエネルギー…………………………………………32
4.2　ブタ飼料のタンパク質とアミノ酸の価値……………………34
4.3　維持，成長と繁殖のためのエネルギー，タンパク質要求量…………37
4.4　水分，ミネラルおよびビタミンの要求量……………………41
4.5　食欲，自由摂取と消化率………………………………………48

5.　ブ タ の 飼 料 …………………………………………………51
5.1　配 合 飼 料 ……………………………………［高田良三］…51
5.2　自家配合飼料………………………………………［高田良三］…52

5.3 未利用資源の利用（エコフィード）……………………［入江正和］…54

6. ブタの繁殖……………………………………………［伊東正吾］…59
6.1 性成熟（春機発動）………………………………………………59
6.2 発情徴候と発情周期………………………………………………60
6.3 発情周期と内分泌環境……………………………………………60
6.4 受精と人工授精……………………………………………………67
6.5 妊娠と分娩…………………………………………………………68
6.6 分 娩 期……………………………………………………………69
6.7 泌 乳………………………………………………………………71
6.8 泌乳期の管理と生産性……………………………………………74

7. ブタの解剖学………………………………………［入江正和］…78
7.1 ブタの成長と体構成の変化………………………………………78
7.2 ブタの一般的体構成………………………………………………80
7.3 筋肉組織と脂肪組織………………………………………………84

8. 豚肉の流通，枝肉規格，肉質…………………［入江正和］…89
8.1 ブタと豚肉の流通…………………………………………………89
8.2 肉質の評価…………………………………………………………92
8.3 加 工 品……………………………………………………………96

9. ブタの遺伝…………………………………………［小林栄治］…99
9.1 質的形質の遺伝……………………………………………………99
9.2 毛色の遺伝…………………………………………………………103
9.3 血液型の遺伝………………………………………………………106
9.4 先天性奇形（遺伝性疾患）………………………………………110
9.5 染色体数と異常……………………………………………………112
9.6 形質に関与する遺伝子の特定と育種へのゲノム情報の活用………113

10. ブタの育種改良 …………………………………………［鈴木啓一］…116
10.1 ブタの育種改良の原理 ……………………………………………116
10.2 ブタの育種改良の対象形質 ………………………………………130
10.3 ブタの育種改良システム …………………………………………132
10.4 ゲノム情報を活用した方法，マーカーアシスト選抜，ゲノム選抜 …134

11. ブタの疾病と衛生対策 ……………………………………………138
11.1 細菌性疾病 ……………………………………………［渡辺一夫］…138
11.2 ウイルス性疾病 ………………………………………［矢原芳博］…146
11.3 原虫・寄生虫性疾病 …………………………………［渡辺一夫］…152
11.4 効果的な衛生対策の構築 ……………………………［大井宗孝］…159

12. 養豚の環境問題と糞尿処理 ………………………［押田敏雄］…168
12.1 環 境 問 題 ………………………………………………………168
12.2 ブタの糞尿処理の基礎 …………………………………………174
12.3 ブタの糞尿処理 …………………………………………………179
12.4 養豚関係の悪臭とその対策 ……………………………………183

13. ブタをめぐる最近のトピックス …………………………………186
13.1 ヒトのモデル動物，臓器移植対象としてのブタ …［種村健太郎］…186
13.2 アニマルウェルフェア ………………………………［佐藤衆介］…189

索　　引 ……………………………………………………………………194

1. ブタの起源と改良の歴史

1.1 ブタの分類

2011 年現在，約 7 億 9778 万頭のブタが世界で飼育されている（USDA, 2011）．現在の分類学に従うとブタは，哺乳動物綱（Mammalia），鯨偶蹄目（Cetartiodactyla），イノシシ亜目（Suifomes），イノシシ科（Suidae），イノシシ属（*Sus*）に属する．イノシシ亜目（Suiformes）は現存する 2 つの科（family）であるペッカリー科（Tayassuidae）とイノシシ科（Suidae）からなる．

ペッカリー科は現在アメリカにだけに生存している．胃は反芻動物の胃と似ており，後肢は 3 つの蹄をもつ．ブタよりも小さく平均体重は約 30 kg である．イノシシ科はさらに，Babyrousinae と Suinae の 2 つの亜科に分類され，亜科（subfamily）と属（genus）の間をさらに細分する 3 つの族（tribe）からなる．したがって現存するイノシシ科（Suidae）は 5 つの属，15 の種からなる（Rubinsky *et al*., 2011）．そして，現在のブタは Suini 族，*Sus* 属の *Sus scrofa* 種の *Sus scrofa* var. *domesticus* と表されるのが一般的となっている（田中, 1994；Ruvinsky *et al*., 2011）（表 1.1）．

ヨーロッパで最も早期に発見された *Sus scrofa* の化石は前期更新世（78 万年以上前）からのものといわれる．アジアからの化石もまた，前期更新世のものである．現代の種は，家畜，家畜化された半野生のもの，家畜化されて野生に返ったもの，ずっと野生のものの 4 つの形で存在する．*S. scrofa* はヨーロッパとアジアの大部分に分布しており，南北アメリカにも導入されている．外形，毛色のパターン，生化学的および分子多型，生態と行動などの特徴が，多くの種を区別するために使われている．*S. scrofa* は，家畜化されたブタの主要な祖

表 **1.1**　イノシシ科（Suidae）の分類（Rubinsky *et al*., 2011）

Babyrousinae 亜科
　Babyrousa 属（バビルサ）
　　Babyrousa babyrussa［スーラ諸島とブル島］
　　Babyrousa celebensis［スラウェシ島］
　　Babyrousa togeanensis［トギアン諸島］

Suinae 亜科
　Phacochoerini 族
　　Phacochoerus 属（イボイノシシ）
　　　Phacochoerus africanus［一般のイボイノシシ］
　　　Phacochoerus aethiopicus［ケープとソマリのイボイノシシ］
　　Hylochoerus 属（モリイノシシ）
　　　Hylochoerus meinerthageni［アフリカ中部の森林地帯］
　Potamochoerini 族
　　Potamochoerus 属（カワイノシシ）
　　　Potamochoerus porcus［アフリカ中部と南部，マダガスカル島］
　　　Potamochoerus larvatus（モリブタ）
　Suini 族
　　Sus 属（イノシシ）
　　　Sus scrofa［ユーラシア大陸，アジア島嶼，アフリカ北部］
　　　Sus verrucosus［ジャワ島のイボイノシシ］
　　　Sus barbatus［マレー半島，スマトラ島，ジャワ島，ボルネオ島，パラワン島のヒゲイノシシ］
　　　Sus celebensis［スラウェシ島のイボイノシシ］
　　　Sus philipoensis［フィリピンのイボイノシシ］
　　　Sus cebifrons（ビサヤイボイノシシ）
　　　Sus salvanius あるいは *Porcula salvanius*（コビトイノシシ）

表 **1.2**　*Sus scrofa* の亜種（Rubinsky *et al*., 2011）

S. s. scrofa	ヨーロッパの西部，中央，南部
S. s. attila	東ヨーロッパ，コーカサスの北部，西シベリア，中央～西アジア
S. s. meridionalis	南スペイン，コルシカ島とサルデーニャ島
S. s. algria	北西アフリカ
S. s. libica	小アジア，中東，東ヨーロッパの南部
S. s. nigripes	南シベリア，中央アジア
S. s. sibiricus	東シベリア，モンゴル
S. s. ussuricus	ロシア極東地域，朝鮮半島
S. s. moupinesis	東中国，南西アジア
S. s. leucomystax	日　本
S. s. riukiuanus	琉球列島
S. s. taivanus	台　湾
S. s. davidi	西インド
S. s. cristatus	東インド，インドネシアの西部
S. s. affinis	南インド，スリランカ
S. s. vittatus	マレーシア，南インドネシア諸島

先であることが定説となっており, 少なくとも表 1.2 の 16 亜種を区別することができる.

これらの亜種の生息地域は接近しており, 差異はきわめて小さい. *S. scrofa* の通常の染色体数は 38 であるが, 37 や 36 の亜種もいる. ブタはよく発達した体温調整能力と巣作り行動により −50〜50℃の広い範囲の気温に耐えられ, シベリアのような厳寒の地から熱帯地方, 山岳地域や半砂漠までさまざまな餌と気候条件によく適応している. イノシシと野生ブタの集団も, 人間や捕食者の脅威にさらされているにもかかわらず, 世界の多くの地域に分布している.

1.2 ブタの家畜化

中国はブタの家畜化が最初期に独立して起こった中心であると考えられている. 最近の研究では, 東アジアのイノシシはヨーロッパのイノシシと比べ, 遺伝的変異が大きい. 一方で, 動物考古学的記録から近東でもきわめて早い時期にブタの家畜化が起こったことが明らかとなっている. 東アナトリア(トルコ)のチャユヌ遺跡から掘り出された, いくつかの鍵となる *Sus* の考古学的動物遺跡の研究からこのことが明らかとなっている. おそらく先土器新石器時代までにはイノシシの完全な家畜化が起こったと思われる. しかし, これらの地域は 7 世紀以降イスラム文化の影響下にあり, 調査のサンプルとして利用できるブタはかなり少ない.

ブタの家畜化の歴史については, 発掘された骨・化石, 現存するブタやイノシシの形態学的比較, ミトコンドリア DNA（mtDNA）解析などによる比較研究が進められてきた. 特にこの 20 年の間に mtDNA を指標としたブタの起源や系統史の研究が進展し, ブタの家畜化の歴史に関する 2 つの競合するモデルが提案されている. 1 つは, ブタの家畜化は初期完新世, 初期新石器時代に独立して 2〜3 の地域（特に近東とおそらく中国）で起こり, これらの家畜化された個体が, 農民と養豚の広がりで広まったとする説である. 2 つ目は, 近東と中国以外にも家畜化が始まった地域があり, 新石器時代ヨーロッパと縄文時代の日本までも含むとする考えである.

イノシシとブタの毛, 血液サンプルから抽出した mtDNA 配列の解析により, ブタの系統にはアジアとヨーロッパの 2 つのクレード（共通の祖先から進化した生物群）が存在することが明らかとなっている．アジアクレードは，日本イノシシ，中国梅山（メイシャン）豚といくつかのヨーロッパの家畜ブタからなる．ヨーロッパクレードには，多くのヨーロッパ家畜ブタ，大部分のヨーロッパイノシシ，すべてのイスラエルイノシシ，イタリアのイノシシも含まれる．分子時計アプローチから，2つのクレードは家畜化の出現のずっと前に分かれたことが示されており，2つのイノシシ集団（西部と東部ユーラシア）は独立して家畜化され，その後に雌のアジア家畜ブタがヨーロッパ家畜ブタと交雑されたことが確認されている．上記の2つの仮説のうち前者では，ヨーロッパの家畜ブタはすべて近東の特徴を備えていなければならない．しかし，そうではないことから，ブタはヨーロッパでも独立して家畜化されたと考えられ，2番目の仮説が支持されている（黒澤ほか，2009；Larson *et al.*, 2011）．

ブタの分類学と進化学の研究にはこれまで mtDNA が使われていたが，mtDNA は母性遺伝に限定されるという限界がある．そのため，近年の DNA シークエンス技術や SNP 多型を用いた分類学や進化学の研究が進むにつれ，家畜化の過程に関する研究が進むことが期待されている．

1.3 ブタの家畜化の目的と品種の展開

家畜化の目的は動物種によって多数あるが，ブタの場合おもな理由は肉を食用にすることであったと思われる．近年，豚肉は良質のタンパク質，ビタミン B_1 やミネラルの供給源としてその栄養価が取り上げられるが，家畜化の理由としては，むしろ豚肉の特異的な感覚受容性的特性があげられる．たとえば中国の料理はブタを中心として発展してきた．中国では豚肉は選り抜きの肉であり，ブタの脂肪も多くの料理のつなぎとして使われる．豚肉の独特の香りが，ブタの家畜化を促進した大きな理由と思われる．ブタの肉と脂肪は優良なエネルギー源でもあった．現代に至るまで，豚肉は世界中の多くの国で，そのおいしさと高い脂肪含量のために最も重要な肉資源とされ，我々の生活を支えてきた．

ブタは家畜化された地域，飼育環境の違いにより異なる体型となった．ヨーロッパの初期のブタ品種のいくつかはアジアの品種よりも大きかった．これは，飼料の違いに起因するかもしれない．アジアではより繊維が多く，エネルギー含量が低い飼料で飼われていたようである．この違いがヨーロッパとアジアの両タイプ間で腹部の大きさが明らかに異なる原因だとする考えもある.

ダーウィン（1868）によれば，中国は4900年にわたってブタの家畜化を行ってきたという．中国ブタはヨーロッパのブタと比べ幅広く短い頭，皿のような顔，短い足，多い脂肪という特徴がある．人口の多い中国では，ブタは小さな農場に閉じ込められ，結果としてブタは人によく馴れる不活発な動物に変化した．この過程で，ブタは歩き回ったり，鼻で地面を掘る本能を失った．中国ブタは，餌を探しに歩き回ったりせず，エネルギーの大部分を脂肪に転換する怠惰な獣として記述されている．そのため，時代が進むにつれて，腹部は大きく重くなり，容易に動けないほどになった.

ブタは雑食性のため，世界中でそれぞれの分化に即したさまざまな飼料を与えられる．結果的に，世界中のブタの消化器系にはかなりの変異がある（Jones, 1998）.

1.3.1 品種の展開

ブタは，*Sus scrofa* の子孫であり，世界の各地でさまざまな品種が作られた．人間は家畜化の後でまもなくブタを改良しようと試みたと思われる．現在，世界で約100品種が存在し，そのうち特にすぐれた品種として世界で飼育されているのは約30品種といわれる.

品種とは「他の品種と違う，真に育種的に識別できる特性を保有している共通の起源をもつ動物群」と定義できる．ブタの品種の進化の中心地はイギリス，中国とアメリカであり，ブタの品種は英国品種，ヨーロッパ品種，ロシア品種，北米品種およびアジア品種に大まかに分割される．ブタの家畜化はヨーロッパよりも中国で先に起こったことは疑いないが，中国では品種登録が文化になっていないので形成の記録があいまいである.

ブタの品種は，ラードタイプ，ベーコンタイプおよびミートタイプに分類され，かつては用途ごとに品種が育成されていた．現在では，おもな豚肉生産システムは3品種の交雑（三元交雑）による方法であり，日本では約80％以上の豚肉がこの交雑育種で生産されている.

a. イギリス

イギリスではヨークシャー地方で多くの品種の改良が行われた．他国への移入種も多くがヨークシャーから由来している．このため，アメリカやカナダをはじめ世界中の多くの国でヨークシャーという名前が使われているが，ヨーロッパではラージホワイトと呼ばれている．ラージホワイト（大ヨークシャー）は1868年にイギリスで最初に明確な品種として認識された．イギリスからヨーロッパ，アジア，アフリカ，オーストラリア，北米と南米など46ヶ国に輸出され，カナダ，アメリカ，デンマーク，ドイツ，オランダ，フランスでは19世紀の後半から20世紀前半にかけてそれぞれ独自に改良を重ね品種として登録された．交雑種生産の母系品種の1つとして世界中で飼育頭数が増加し続けており，多くの国では止雄（とめおす）（交雑種生産の最終段階で交配される雄豚品種）としても使っている．イギリスで改良された他の品種として，中ヨークシャー，イングランド西部のバークシャー，ウェルシュ，タムワース，ラージブラック，ブリティッシュ・サドルバックなどがある．

b.　ヨーロッパ

ランドレースはヨーロッパで改良された最も重要な品種である．デンマークでは1896年に国の育種計画として自国の在来種と大ヨークシャーとの交雑群を基礎として，後代検定により産肉能力のすぐれたランドレースを作出した．はじめはイギリス市場を輸出先と想定してつくられたが，デンマーク政府は1950年から1972年まで繁殖豚の輸出を禁止した．しかし，それ以前に輸入していたスウェーデン，オランダ，ノルウェーはそれぞれの国名をつけたランドレースを20世紀前半から中期にかけて品種として成立させ，これらの国々から世界中にランドレース種が普及した．ヨーロッパ生まれの有名な品種として，他にベルギーのピエトレン，オーストリア・ハンガリーのマンガリッツァなどがある．

c.　ロシア

12の品種がロシアで改良されたといわれ，外国から6つの品種が輸入された．大ヨークシャー種としてロシアラージホワイト，大ヨークシャーの交雑豚としてウクライナホワイト，エストニアホワイト，ランドレースの交雑豚としてエストニアベーコンが作られ，他にミルゴロド，およびウクライナスポッテイドステッペがおもな品種である．

d.　北アメリカ

デュロックはアメリカで改良され，カナダ，デンマーク，日本，中国，タイ，台湾，および世界中の多くの国で最も重要な止雄の1つとなった．デュロックはニューヨーク州のオールドデュロックとニュージャージー州のレッドジャージーに起源をおいている．ハンプシャー種の起源は明確に記録されていないが，イギリスのハンプシャー地方が起源であると一般的に認知されている．かつて止雄品種として人気があったが，ハンプシャーを止雄とする肉ブタの肉質に問題があるとして，日本では利用が激減した．このほかアメリカで改良された品種として，ポーランドチャイナ，チェスターホワイト，およびスポットがある．ラコムは，カナダでデンマークのランドレース種（56%），バークシャー（23%），およびチェスターホワイト（21%）から作られた合成品種である．この品種はカナダの雌豚系品種として使用され続けている．

e.　アジア

中国には65以上の地方品種が存在するといわれ，中国北部，中国中部，中国南西部，河川地域，中国南部および高原地域の6つのタイプに分類されている．北部タイプには東北民豚（ドンバイミン）と黄淮海黒豚（ファンワイハイヘイ）がある．河川タイプの太湖豚（タイコウ）に属する梅山豚（メイシャン）と姜曲海豚（ジャンクハイ）は高い繁殖能力で有名である．金華豚（ジンファ）は中部タイプの品種であり，肉質の特性がすばらしく金華ハムなど良質のハムを生産している．

f.　ハイブリッドブタ，系統豚

現代のブタ生産では，ヘテロシス（雑種強勢）が利用される．育種会社は，品種を合成して父系と母系を確立し，これらの3つか4つの系統を交配して肥育豚を生産する．育種会社（Babcok，Genetics，Danbred，Fast Genetics，Genesus，Genetiporc，Hypor，Hermitage，JSR，Newsham Choicd Genetids，PIC，TOPIGSなど）は，それぞれの育種計画に適合した系統を作っているが，従来の純粋種から作ったものもあれば，基礎となる品種からさまざまな交雑を行っている場合もある．

育種会社は一般に雄系と雌系に分けて育種計画を進めている．たとえば，PICのケンボロー雌豚は，ランドレースと大ヨークシャーの交雑F_1である．育種選抜手法と能力の特徴は会社ごとの秘密だが，系統を改良するために使われている手法はBLUP法による育種価推定にゲノム情報を取り入れた方法である．わが国で使用される有名な合成品種は，ハイポ豚，デカルブ，ケンボロー，バブコック，コツワルドなどである．国内の種豚業者と国や地方の公的機関では，ランドレース，大ヨークシャーを雌系，デュロックを雄系としている．すなわちランドレース雌に大ヨークシャー雄豚を交配して雑種第一代雌豚（LW）を生産し，これに止雄としてデュロックを交配して肉豚（LWD）を生産するのが一般的であるが，トウキョウXなどのように北京黒豚，デュロック，バークシャーをそれぞれ交雑して基礎集団を作り，この基礎集団から筋肉内脂肪によって選抜した系統豚なども造成された．

g. ミニチュアブタ（ミニブタ）

選抜によって体のサイズを小さくしたミニチュアブタが品種として日本，アメリカ，および台湾で開発されている．これらのブタは体重が小さく（40〜50 kg），取り扱いが容易である．医学用の実験動物として，また，ペットとして利用されている．

1.3.2 わが国のブタ品種の変遷

わが国のブタ品種の変遷をみると，終戦以前までは中ヨークシャーとバークシャーおよびその交雑種が主だったが，1960〜1961年にかけて欧州およびアメリカからランドレース，大ヨークシャー，ハンプシャー，デュロック等の大型種の導入が本格的に始まった．1970年前代後半の時期，種雄豚ではランドレースとハンプシャーで約7割，種雌豚はランドレースが45%，雑種が40%だったが，1980年以降は種雄豚ではデュロックが50%以上，種雌豚は交雑種（LW, WL）が70%以上となり，雌系としてはランドレースと大ヨークシャー，雄系としてデュロックが利用され交雑肉豚が生産される体制が構築された．さらに近年では，バークシャーと海外ハイブリッド豚が増加し，その分ランドレース，大ヨークシャー，デュロックやF_1登記豚が減少してきている．種雄豚も同様の傾向である．このなかで，ハイブリッド豚の種豚に占める割合は約20%となっている．

1.3.3 品種改良の流れ

世界各地で独自に育種されてきた品種は，1970年代以降，生きたブタの皮下脂肪やロースの面積を測定する機器の開発や統計遺伝学的手法の発展により，産肉能力を中心に急速に改良が進んだ．国により改良のシステムは異なるが，おおざっぱに分けると2つの流れがある．1つは国が中心となり進めるタイプで，デンマークの育種計画とオランダの種豚登録プログラムが例である．ノルウェーのシステムもデンマークと似ている．2つ目は国以外の主体が育種を進めるタイプで，群を横断した育種価の推定が行われているフランス，カナダ，狭い範囲のアメリカとオーストラリアである．イギリスでは育種会社のシェアが大きく，ドイツでは国の育種計画は存在せず州単位で登録育種家が組織されている．日本は，国や都道府県の研究機関が造成する品種内系統豚と，海外の育種会社が改良した品種がそれぞれ20％程度，残りは民間の種育会社やブリーダーが独自に改良を進める体制となっている．

わが国でのブタの改良は，農水省の種畜牧場や都道府県の検定施設での豚産肉能力検定から始まった．種雄豚または種雌豚の産子を調査豚として屠体成績を検査する後代検定から始まり，種雄豚および種雌豚の能力を測定する直接検定が1969（昭和44）年度から開始された．さらに平成（1989年～）に入り，現場直接検定が開始された．しかし，豚産肉能力検定による種豚の改良は，検定精度の問題（検定されたブタの遺伝的能力の把握の方法）と，検定によりすぐれた遺伝的能力をもつとされた雄豚が有効に利用されなかったため，効果を十分発揮するまでには至らなかった．

豚産肉能力検定では開放型の育種改良を目指したのに対し，国や都道府県の試験場や全農などで進められた系統造成は閉鎖型での育種改良を目指したわが国独自の方法である．1969（昭和44）年に開始され，現在32系統が維持，利用されており，さらに9系統が造成中である．　〔鈴木啓一〕

参考文献

Darwin, C.（1869）：The Variation of Animals and Plants Under Domestication. pp.68-82, D. Appleton & Company.

F. E. ゾイナー著，国分直一・木村伸義訳（1983）：家畜の歴史，法政大学出版局.

黒澤弥悦・田中和明・田中一栄（2009）：アジアの在来家畜．家畜の起源と系統史（在来家畜研究会編），pp.215-251，名古屋大学出版会.

Jones, G.F.（1998）：Genetic Aspects of Domestication, Common Breeds and their Orgin. In The Genetics of The Pig（Rothschild, M.F., Rubinsky, A. eds），pp.17-50, CAB international.

Larson G. *et al*.（2007）：Ancient DNA, pig domestication, and the spread of the Neolithic into Europe. PNAS, 104：1527-15281.

Rubinsky, A. *et al*.（2011）：The Genetics of The Pig（Rothschild, M.F., Rubinsky, A. eds），pp.1-13, CAB international.

田中一栄（1994）：養豚ハンドブック（丹羽太左衛門編），pp.1-7，養賢堂.

USDA（2011）：*World Markets and Trade*（*in selected countries*）.

2. 世界と日本のブタの生産システム

2.1　世界の豚肉消費量

世界の食肉消費量の畜種別内訳では，豚肉は37%，鶏肉は35%，牛肉は23%であり，世界で最も多く食べられている食肉は豚肉である（NPB, 2014）．豚肉を多く食べる地区は東アジア，南北アメリカ，ヨーロッパとオセアニアである．しかし，西アジア・北アフリカ・中央アジア・南アジア・東南アジアの国では消費が少ない．イスラム教がブタを食べることを禁忌とするため，イスラム教徒の多い国では豚肉消費が少ない．

1人あたりの消費の多い国々（地域）をあげると，1位：モンテネグロ，2位：中国，3位：EU，4位：セルビア，5位：ベラルーシ，6位：台湾，7位：韓国，8位：スイス，9位：米国，10位：ノルウェーで，日本は22位である（NPB, 2014）．中国人は年間1人あたり42 kgの豚肉を食べ，日本人は19.6 kgである．そして日本や他国でも，豚肉消費量は今後も増加すると予想されている．

2.2　世界のブタ飼養頭数と豚肉生産および輸出入量

世界のブタの総飼養頭数は約10億頭であり，その割合はアジアで60%，ヨーロッパで20%，北アメリカでは10%である（表2.1）．アジア，特に中国が世界飼養頭数の約50%を占めている（表2.2）．アジアでは，中国のほかに，ベトナムやフィリピンでも養豚が盛んである．

世界の豚肉輸出量では，アメリカが31%，EU（27ヶ国合計）33%，カナダ17%，ブラジル9%，中国3%，チリ3%，メキシコ2%，…である．ブタ飼養

表 **2.1** 世界のブタ総飼養頭数（2010 年，総務省統計局）

地　域	飼養頭数（百万頭）	割合（%）
世　界	966	
アジア	583	60.4
北アメリカ	101	10.5
南アメリカ	58	6.0
ヨーロッパ	189	19.6
アフリカ	30	3.1
オセアニア	5	0.5

表 **2.2** 世界の豚肉生産量（と体換算，110,321,000 t）の国別割合（2015 年）

順位	国　名	割合（%）
1	中　国	49.7
2	EU（27 ヶ国合計）	21.2
3	アメリカ	10.2
4	ブラジル	3.2
5	ロシア	2.4
6	ベトナム	2.2
7	カナダ	1.7
8	フィリピン	1.2
9	メキシコ	1.2
10	日　本	1.1
10	韓　国	1.1

表 **2.3** 世界の豚肉輸出入量とおもな国の割合（2015 年，Foreign Agricultural Service/USDA）

輸　出			輸　入	
量（と体換算）		7,208,000 t		6,685,000 t
順位	国　名	割合（%）	国　名	割合（%）
1	EU（27 ヶ国合計）	33.1	日　本	19.0
2	アメリカ	31.1	中　国	15.4
3	カナダ	17.1	メキシコ	14.7
4	ブラジル	8.7	韓　国	9.0
5	中　国	3.2	香　港	5.9
6	チ　リ	2.5	アメリカ	7.5
7	メキシコ	1.8	ロシア	6.1
8	ベトナム	0.6	オーストラリア	3.3
9	オーストラリア	0.5	カナダ	3.2
10	セルビア	0.3	フィリピン	2.6

頭数では中国が1位であるが，豚肉の輸出量ではEUとアメリカが1・2位であり，その輸出先第1位が日本である（表2.3）．豚肉輸入量世界一とはいうものの，世界飼養頭数の1.1%をもつ日本は養豚国でもある．一方，中国は世界最大のブタ飼養国であるとともに，豚肉輸入国でもある．

2.2.1 アメリカのブタ生産の特徴

アメリカでは1980年代から始まった養豚ブームで，大規模農場が増加した．ある生産記録ソフトを使っている農場から得たデータによると，1戸の平均繁殖雌豚数は4000頭を超えている（2012年）．一方で，1980年に約67万戸あった農場は，2011年には6.9万戸まで減少している．2011年時点での繁殖雌豚数は5.7百万頭である．大規模生産農場が増えるにつれ，生産システムが重要視されるようになり，繁殖生産性も飛躍的に改善された．さらにアメリカ養豚産業においては，2000年代に入ってから，豚生産からと体処理や食品加工，商社機能までの各部門の垂直統合が進行している．その結果，2011年の時点で，5つの生産会社で30%の繁殖雌豚を保持し，25会社で50%の繁殖雌豚を保持している．これは豚肉の市場価格低迷，食の安全や動物福祉への対応など多くの問題を解決するにあたって，養豚農家だけ，あるいはと体処理場や食品工場だけでは不十分であり，ポークチェーンの各セクターを統合する必要があったためであるといわれている．アメリカにおける養豚生産は畜産農家や農場という枠を超えて，巨大グループ化してきている．

もう1つのアメリカの特徴は，と体処理場の処理能力の大きさである．現在58社があるが，上位10社の各工場の処理能力は1日1万頭以上で，最大は3万4000頭である．比較のために日本の例をあげると，2002年に操業開始した神奈川食肉センターの処理能力は1時間360頭であり，1日最大で2500頭である．

以上まとめると，農場が大規模経営でかつ，農場からと体処理・食品工場まで，垂直統合し効率化された豚肉生産が，アメリカ養豚の特徴である．

2.2.2 ヨーロッパのブタ生産の特徴

ドイツ，スペイン，デンマーク，フランス，オランダ，ポーランドの6ヶ国で，EU27ヶ国，総飼養頭数約1.5億頭の3分の2以上を飼養している（表

表2.4　おもなEU加盟国のブタ飼養頭数（2014年）

国　名	総飼養豚数（百万頭）
ドイツ	28.1
スペイン	25.1
フランス	13.4
デンマーク	12.4
オランダ	12.0
ポーランド	11.0
イタリア	8.6
ベルギー	6.4
ルーマニア	5.2
イギリス	4.4
ハンガリー	3.0
オーストリア	3.0
ポルトガル	2.0
（27ヶ国計）	146.7

2.4）．これら主要6ヶ国の飼養豚数は，ドイツ28百万頭，スペイン25百万頭，デンマーク12百万頭，フランス13百万頭，オランダ12百万頭，ポーランド11百万頭である（DAFC, 2014）．

EUのブタ生産の特徴は，EU国間でのブタの移動が多いことである（Eurostat, 2010）．年間約8百万頭の肥育子豚（推定25 kgの子豚）が，EU国間で取引されている．ドイツは肥育子豚の主輸入国で，EUの輸入の77％を占める．デンマークは主輸出国であり，74％の輸出を占めている．

養豚主要国の各国の特徴として，ドイツはEU内の最大の養豚産業国であり，250のと体処理場と600の食肉カット工場がある．3つのと体処理場で55％のブタを処理している．農家は，比較的小規模農家が多い．養豚農家数は2010年で約7万戸と推定されている．

スペインは，1980年代までは豚肉輸入国であった．1986年のEU加盟とともに養豚産業界は大きく伸長し，2012年には豚肉輸出国になった．その進展は大手の飼料会社によってリードされ，飼料会社が主となった垂直統合による生産が行われている．

どの国でも農家数は減少してきていると思われる．デンマークには，2014年時点で約3000戸の養豚農場が存在する．そのうち母豚500頭以上の農場が46％あり，全母豚の約8割を保有している（DAFC, 2014）．2001年には約1万

3000戸と報告されているので，14年で4分の1以下に激減したことになる．農場の数は減ったが，デンマークの繁殖農場は，年間繁殖雌豚1頭あたり離乳子豚数という繁殖指標で28頭をこえるような非常に高い繁殖生産性をもっている．養豚産業界は，生産者が所有する農協のかたちで，組織化・垂直統合がなされている．と体処理場の統合も進んでおり，大部分のブタが2つの協同組合でと体処理されている．

オランダには，2011年で6500戸の農場があると推定されている．IKBという組織が農場から処理場と食品工場そして小売店までの品質管理を行っている．デンマークと並んで農場の繁殖生産性は高い．デンマークとオランダはEUの中でも豚肉輸出国である．

フランスは，母豚100〜1500頭規模の農場が多く，3分の2が一貫経営である．デンマークやオランダと並んで，農場の繁殖生産性は高い．ポーランドは，小規模農場が多いが，アメリカやデンマークの資本による大型農場が進出している．

最後に，かっての養豚先進国であったイギリスの養豚生産は凋落してしまった．イギリスのブタ総飼養頭数は1990年から2011年までの20年間で半分，約440万頭にまで激減した．その主要因は，生産コスト高騰から多くの養豚農家が廃業したためといわれている．

2.2.3 中国のブタ生産の特徴

1985年以前の中国におけるおもな養豚は，庭先養豚であった．中国の養豚は，1990年代から市場経済の政策下で急速に活発になった．1990年代から2000年代初めにかけて，中国政府は養豚の生産性の改善に着手した．その頃から，肉質と生産性の改善を図るために，種豚農家は海外の品種を導入し，中国の在来品種と交配し始めた．

現在でも，庭先養豚で飼育される豚は，30〜40%と推定されている．これらの農家は，年間5〜10頭のブタを出荷している．残りの60〜70%のブタは，専門農場で飼育されている．この専門農場には，政府系農場と民間系農場の2つのタイプがあるが，繁殖雌豚数はこれらの両方で増えている．

庭先養豚または専門農場という区別とは別に，中国では2つの生産システムがみられる．1つは政府系の種豚農場を核とするもので，これらの種豚農場から，地方の生産者に種豚が供給されている．これらの政府系種豚場には，EUやアメリカから西洋系の原種豚（ランドレース，大ヨークシャー，デュロックなど）が導入されている．

もう1つの生産システムは，民間系の農場によるものである．1万頭以上の母豚数をもつ農場グループも，100以上あると推定されている．これらの農場は繁殖農場と肥育農場に分けて運営されている．たとえば，Wensグループでは，違った場所にある60の繁殖農場で，500の肥育農場に肥育用子豚を供給するシステムをもっている．

2.2.4　日本のブタ生産

2014年2月時点で，日本の養豚農家数は5300戸，総飼養頭数は953万頭である（農林水産省統計局）．豚肉の国内生産量は国内消費量の約半分に相当し，残りの半分はアメリカやデンマークからの輸入によってまかなわれている．

2000年に約1万2000戸あった養豚農家は，14年で半分以下になった．しかし廃業農家の母豚数の減少を大規模農場が埋めて，国内飼育頭数は減少していない．たとえば母豚1000頭以上の農家，規模上位130戸が全生産の約3割を担っている．今後も，大規模農場がその繁殖雌豚数を増やしていくという傾向は続くだろう．

国内で養豚農場が存続し続けることの意義は，①消費者への国産豚肉のオプションの提供，②政治経済情勢による輸入肉不足時への備え，③中山間地における雇用機会の創出，④米ぬか，ふすまなどの農業副産物や食品廃棄物などエコフィードの使用による資源リサイクルへの貢献，⑤飼料米の活用による国土保全への貢献，⑥子供たちへの食育への題材提供，⑦ふん尿の肥料利用による資源循環型・持続型農業への貢献，などがある．

2.3　ブタ生産のシステム

ブタは多くの国で飼養されており，それぞれの国で違った養豚の生産システムがある．ここではアメリカと日本を例にあげて説明する．

2.3.1 ブタ生産の農場タイプ

養豚農場は，飼料原料からブタを生産し出荷するという動物農業システムであり，5つの農場タイプがある．

a. 一貫生産農場（farrow-to-finish farm）

すべての生産ステージ，つまり繁殖雌豚の交配から分娩・離乳，そして出荷肉豚（例：110 kg 出荷）としての販売までを含む農場である．日本の生産農場の 80%はこのタイプである．このタイプでは，農場飼料要求率（繁殖用の飼料を含む全飼料使用量÷出荷されたブタの生体重）が計算できる．飼料要求率は少ない方が飼料を効率的に使用していることを表している．国内農場の農場飼料要求率は 3.45 と推定され，アメリカや EU の先進農場の推定値 2.60 に大きく遅れをとっている．

b. 子豚生産繁殖農場（farrow-to-nursery farm）

繁殖雌豚に交配し分娩させ，離乳後の子豚（例：20〜30 kg）まで飼育し，肥育農場に子豚として販売する農場である．

c. 離乳豚生産繁殖農場（farrow-to-wean farm）

繁殖雌豚に交配し分娩させてから，哺乳子豚を離乳後，離乳子豚（例：5〜10 kg）として販売する農場である．繁殖生産性の指標である，年間種付け雌豚あたり離乳頭数は，このステージの指標である．世界的な目標は，1母豚あたり年間 30 頭の離乳子豚の生産とされている．農場平均のこの値が高いほど繁殖生産性が高い農場ということになる．

d. ウイーン・トゥ・フィニッシュ農場（wean-to-finish farm）

繁殖雌豚から離乳された離乳子豚を導入し，肥育し出荷する肥育一貫農場である．アメリカでは，2000 年以降の新規肥育農場はこのシステムが主流となっている．このシステムでのアメリカでの目標肥育成績は，1日あたり増体が 810 g，飼料要求率が 2.29，導入から出荷までの死亡率が 3.2%とされている．

e. 肥育農場（finishing farm）

前述の子豚生産繁殖農場から，子豚を購入し，肥育し出荷肉豚として販売する農場である．

2.3.2 舎内飼育と屋外飼育

舎内飼育（controlled-environment buildings）は，自然換気または機械に

よる 24 時間換気法，またはその組合せによって換気されている．長所は，ブタの飼育環境がコントロールしやすい，床面にすのこ床（糞尿が下に落ちる）を使用することで糞尿をブタから離しやすいので，不衛生からくる病気のリスクが減る，掃除しやすい，寄生虫のコントロールもしやすい，等である．欠点としては初期投資額が大きいことがあげられる．舎内飼育で種付けから肥育ステージまで行う場合の初期投資額は，日本国内では母豚 1 頭換算で約 100 万円といわれている．たとえば，1000 頭の母豚の一貫経営の設備は約 10 億円かかる．

屋外飼育（pasture or outdoor production systems）の長所は，施設への初期投資額が安いことである．さらにブタが土を掘り起こしたりできる．欠点は，広い土地，それもローテーションして使える土地が必要であることである．たとえば 10 頭の母豚には，約 4000 m^2 の土地が必要で，肥育豚でも 1 頭あたり 9 m^2 が必要とされている．さらに夏の暑さ，冬の寒さ，雨風など飼育環境のコントロールが難しく，外部および内部寄生虫の駆除が困難である．

2.3.3　交雑豚生産と純粋種生産

国内における種雌豚の品種の 68％は交雑豚であり，海外ハイブリッド雌豚は 15％である．交雑豚をつくるための基礎種とされるランドレースは 3％，大ヨークシャーは 2％である（小磯，2010）．バークシャー雌豚は 6％である．

国内における種雄豚の品種としては，デュロックが 56％を占める．交雑雌豚をつくるための基礎種とされるランドレースと大ヨークシャーは両方ともに 5％，バークシャー雄豚は 10％である．ランドレース（L）と大ヨークシャー（W）の F_1 交雑雌豚（LW）に代表される種雌豚に，デュロック雄豚（D）で授精し，三元交雑豚（LWD）を生産するシステムが有名である．雄・雌豚ともバークシャーを使う純粋種生産（いわゆる「黒豚」）もある．

なお海外ハイブリッド豚，特に種雌豚の海外ハイブリッド豚は，資金力をもった大農場の増加で今後も増えていくものと思われる．海外ハイブリッド種豚の供給元としては TOPIGS 社，PIC 社，NEWSHAM 社，Hypor 社などがある．また国内の種豚会社としてはグローバルピッグファーム社，シムコ社，全農畜産サービスなどが代表的であり，これら国内外の企業の資料，ホームページ等からより詳しい情報を入手することができる．

2.3.4 ブタ生産の経営収支

現在の養豚業界では大規模化が進み，企業経営または企業的経営を行う養豚農家が多くなってきている．そのなかで，企業経営のように損益計算書やバランスシートを作成して，生産コストや財務指標値で経営力を測定しようという動きがある．表2.5には，実例として23農場の枝肉1kgあたりのコストと財務指標を示した（門間・纐纈，2006）．すべての値で農場間のばらつきは大きい．粗収益と支出や財務指標に大きな影響を及ぼすのは，枝肉卸売価格と飼料価格である．枝肉卸売価格は東京市場上物で，たとえば2007〜2010年の年平均で433円から520円まで変化し（農林水産省「食肉流通統計」），飼料価格も8%以上変動している（農林水産省「農業物価指数」）．飼料価格は長期的には上昇傾向で推移すると予想されているが，原料作物の豊凶や外為レートの変化，輸出国の政治情勢などによる振れ幅は大きく，これらの変動に対応できる経営力が必要である．

表2.5 養豚農場の経営収支・収益性指標・安全性指標の実例（23戸に調査を行った平均値）

測定項目	収支または指標値
枝肉1kgあたり収益（円）	427.0
枝肉1kgあたり費用（円）	368.0
費用内訳（円，（ ）内は%）	
飼料費	167.0 (45.2)
薬品・衛生費	18.3 (5.0)
素畜費	12.9 (3.5)
電気費	10.9 (3.0)
人件費	60.2 (16.4)
出荷・と畜手数料	25.5 (6.9)
糞尿処理経費	3.6 (1.0)
その他費用	62.6 (17.0)
支払利息・割引料	7.3 (2.0)
枝肉1kgあたり減価償却費（円）	28.0
枝肉1kgあたり経常利益（円）	30.8
収益性指標	
総資本経常利益率（%）	7.46
売上高経常利益率（%）	7.38
安全性指標	
自己資本比率（%）	35.0

2.3.5　大規模生産と小規模生産の比較

表2.6に，大小規模別農場成績の比較を示した．大規模農場の方が，小規模農場より繁殖生産性も授乳成績もよい．さらに小規模農場に比較して，財務成績もよい傾向にある．大規模農場は，小規模農場に比べてより新しい施設や器具を使用できるし，より専門的な技術者を雇えること，オールイン・オールアウトやマルチサイト生産（下述）などのシステムが使いやすいからであるといわれている．さらに飼料価格やと体販売価格にも，農場サイズは影響しているだろう．

表**2.6**　養豚農場の規模別による農場成績の比較

農場の生産性指標	大規模農場（$n=24$）	小規模農場（$n=24$）
農場サイズ		
平均繁殖雌豚数	1031	108
農場繁殖生産性の指標		
年間繁殖雌豚あたり離乳子豚数	23.5	20.9
授乳成績の指標		
補正21日齢1腹子豚総体重（kg）	65.8	61.8

2.3.6　特徴的養豚生産システムと技術

a.　グループ生産（**group production system**）

繁殖雌豚で同一週に種付けした雌豚群で，たとえば1週間ごとにグループをつくる．そのグループごとに繁殖雌豚群を管理する．離乳日と体重で分ける離乳豚グループ，移動時で分ける肥育豚グループもできる．

b.　オールイン・オールアウト生産（**all-in/all-out production system**）

分娩舎，離乳舎，肥育舎で，飼育グループごとに飼育室または動物舎，できれば農場ごとに一度に入れ（イン），一度に移動させる（アウト）生産方式である．アウトと次のインの間に空白期間があるので，水洗・乾燥・消毒を何回か繰り返すことができ，疾病感染と発生のリスクを低減できる．

c.　マルチサイト生産（**multiple-site production system**）

生産を種付け・妊娠・分娩期，離乳子豚期や肥育期など違ったステージごとに違った場所（サイト）に分散することで，各農場で飼育されている動物の日齢を一定の幅の中に入るようにし，日齢の大きい動物から若い動物への感染連鎖のリスクを低減させることのできるシステムである．さらにオールイン・オールアウト生産で，飼育室または飼育舎，農場ごとで動物を移動させる．農場ごとの飼育を専門的に行うことで生産性の向上も図る．

マルチサイト生産の典型的応用例には，2 サイトや 3 サイト生産がある．2 サイト生産とは，①繁殖雌豚の交配・妊娠舎と分娩・授乳舎，そして離乳後離乳豚として体重約 20 kg までの飼育場所と，②それ以後の肥育時期の場所との 2 つに分ける．3 サイトとは，①交配・妊娠・分娩・授乳舎で離乳する場所，②離乳舎，そして③肥育舎の場所という 3 つに分けるシステムである．

図 2.1 に 6 ヶ所での生産システムによる生産の概念図をあげた．種付け・妊娠豚舎と分娩・授乳サイトは 1 農場，離乳サイトも 1 農場，肥育サイトは 4 農場である．離乳舎は 1 ヶ所であるが，4 つの離乳舎をもち，3 週分の離乳豚と 1 週は洗浄・消毒に対応できる．分娩・授乳舎も 1 サイトであるが，4 つ以上の分娩室があれば，室ごとにオールイン・オールアウトが可能である．

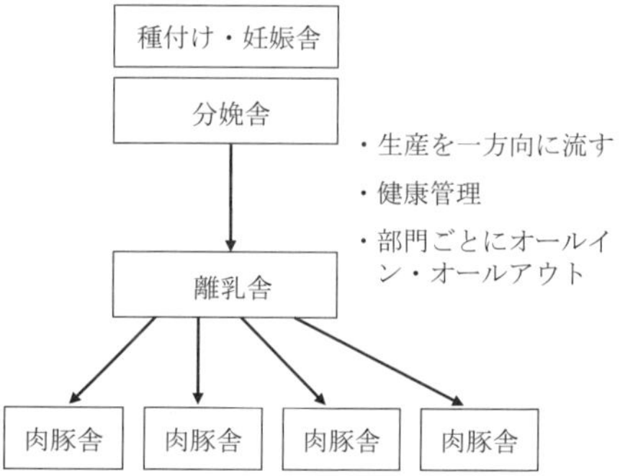

図 2.1　生産システム例

d. 動物の流れ（ピッグフロー **pig-flow**）の一方向化

グループ生産，オールイン・オールアウト生産，マルチサイト生産を組み合わせることで，繁殖部門では授乳豚群・離乳母豚群・妊娠豚群とし，肥育部門では複数の離乳豚グループ，肥育豚グループに分け，グループごとに移動させる．「流れ」は常に一方向にして，逆戻りさせない．動物群が場所を移動するごとにその場所で空白期間ができ，水洗・乾燥・消毒期間を設けることで疾病発生のリスクを低減する．動物群も均質な性別，年齢，生産ステージなので，飼養管理がしやすい．

e.　SEW システム（早期離乳・分離飼育法）

SEW（segregated early weaning）は 1980 年代からアメリカで盛んになったシステムで，授乳期間を短くして，哺乳豚の受動免疫（初乳に含まれる母親由来の移行抗体による免疫）が落ちないうちに離乳し，距離が離れている他の農場で飼育することで，母豚からの感染を防ぐシステムである．マルチサイト生産，オールイン・オールアウト生産を併用することで，さらに疾病感染のリスクを低減できる．オーエスキー病，萎縮性鼻炎，胸膜性肺炎に効果があるが，繁殖・呼吸障害症候群（PRRS）やマイコプラズマ病には効果が薄いとされる．2000 年以降，アメリカでは授乳期間が長くなってきているが，その理由は，SEW で効果のあった病原体はほとんど問題にならなくなり，他の病気が経済的に重要になってきたからだという．農場現場にとって経済的に重要な病気は，時が経てば変化するということである．

f.　SPF ブタシステム

SPF（specific-pathogen free）は，特定疾病に感染していないブタを生産するシステムである．アメリカでは，ナショナル SPF とネブラスカ SPF の 2 つのシステムがあり，日本では日本 SPF 協会がある．ここでいう疾病とは，経済的被害がある特定の疾病のことである．たとえば，日本 SPF 協会の SPF ブタを例にすると，オーエスキー病，流行性下痢，豚赤痢，豚萎縮性鼻炎，トキソプラズマ感染症などがないということである．そういう疾病がないと，ブタの成長が早いため，そこから作られる豚肉もおいしくなるということである．「清浄豚」と訳されて販売されている場合もあるが，豚肉が何らかの方法で洗浄されて，特別に清潔になっているという意味ではない．

g.　バイオセキュリティ

農場におけるバイオセキュリティ（biosecurity）の目的は，動物間および農場間の病気の伝播を防ぐことである．そのためには，違った健康状態のブタどうしの直接または間接的接触によるリスクを避けることで病気発生のリスクを下げ，さらに飼育施設の分散で病気伝播のリスクを分散させる．注意すべきは，①他の農場との距離をできるだけあける，②種豚の導入時には隔離と馴致を行う，③ワクチンを定期的に使用する，④ネズミを駆除し，また野生動物の侵入を防止する，⑤ヒト・ブタ・飼料とそれらを運搬するトラック等に対する全豚舎での出入り制限をする，などである．

h. 繁殖雌豚の産次別飼育

産次別飼育（parity segregated production）とは，未経産豚および産次1の授乳期の母豚と，1産次離乳母豚およびそれ以後の産次の母豚を分けて飼養するシステムである．このシステムによって，①成長中の若雌種豚の飼養管理を専門化する，②若雌種豚に十分馴致期間を与え，免疫を安定化する，③若雌種豚への発情発見を注意深く行うことで，12時間間隔での種付けを専門化できる，④初産豚のための特別な配慮ができ，⑤産次2以上の母豚から離乳されるより体重の軽い初産からの離乳子豚にも特別な対応ができる．

i. フェーズ・フィーディング

ブタは日齢または体重に応じて栄養要求量が異なる．フェーズ・フィーディング（phase feeding）とは，離乳後から出荷するまでをブタの日齢できめ細かく分けて，それぞれの時期に応じた飼料を給与することである．成長率と飼料要求率を改善し，飼料成分の無駄な排出も減らせる．例として離乳時期から出荷まで，8種類の飼料を使用している農場もある．

j. 離乳から肥育ステージの雌雄別飼養

肉用鶏ではよく実行されているシステムである．雄去勢豚は，雌豚より飼料摂取量が多いし脂肪が付きやすい．雌豚と同じ日齢でも栄養要求量が違うということで，別飼育にして性別に応じた飼料を与える方法である．雌雄別の飼育にして，上記のフェーズ・フィーディングをしている農場もある．

2.3.7 ブタ生産システムのデザイン例

a. マルチサイト生産システムのデザイン例

北米A社の繁殖雌豚1万4400頭での生産システムは，種付け・妊娠・分娩させる繁殖ステージで，農場繁殖雌豚3600頭を4サイト，離乳子豚舎ステージで4サイト，肥育豚舎ステージで16サイトの計24のサイトからなる生産システムである．それぞれの農場は0.64 km^{2}の広さをもっている．他の違うステージの農場とは4 km以上の距離を保ち，同じステージの農場でも，肥育豚農場間では1.2 km，繁殖豚農場間では1.5 km，離乳豚農場間では0.8 kmの距離を保つように配置されている．

4つの繁殖豚農場では，1週間を単位とするグループ生産が行われ，1週間あたり計800頭の繁殖雌豚を種付けし，80%の分娩率で640頭の分娩があるように計画されている．

4つの繁殖サイトには，それぞれ3600頭の繁殖雌豚が飼育され，1週160分娩×4週分である640の分娩豚房がある．それらは40豚房ごとに16の分娩室（4週分）に分けられている．平均3週離乳で，1週間の分娩室の空白期間をもち，分娩室ごとにオールイン・オールアウトができる．

1繁殖サイトでは1週間に160頭の授乳母豚から，1400頭の子豚が離乳され，離乳子豚は離乳舎サイトに移動される．1離乳舎サイトは8豚舎からなっている．週ごとに1離乳サイトに離乳子豚が収容されると，同時に他の離乳サイトの1つが肥育舎へ移動される．離乳子豚は50～55日間，離乳サイトにおかれ，そのあと肥育舎サイトに移動される．ここでもオールイン・オールアウトがなされている．

肥育サイトにおける肥育舎は，離乳舎に対応して，8豚舎からなっている．離乳舎の同じ部屋にいたブタは，肥育舎でも同じ部屋に移動される．肥育豚は肥育舎で15週間収容され出荷される．

全繁殖雌豚は個体でコンピュータ管理し，繁殖成績を記録・分析している．離乳舎・肥育舎ともに豚を入れる時と出す時に，群の体重測定をしている．飼料の運搬量はサイトへの持込時にブタのグループごとに測定して肥育成績を定期的に記録・分析している．

b.　繁殖雌豚の産次別生産システムのデザイン例

北米B社は繁殖雌豚1万2000頭のために，2サイトに分け，サイト1には，若雌種豚から産次1で妊娠70日までの妊娠豚を飼養し，サイト2では，それ以降の母豚を飼養している．サイト1では，以下のように5つの種類の豚舎を用意している．

（1）　若雌種豚（産次0）を育てる豚舎群：　この豚舎で，若雌種豚は体重25 kgから馴致を始めて，農場に存在する病気に暴露している．135日齢までは身体のタンパク質を最大限に増やすような飼料を与えている．

（2）　若雌種豚に種付けする豚舎群：　若雌種豚を平均185日齢または体重125 kgでこの豚舎に移動する．精管を切除し不妊にした雄豚で，若雌種豚を1日2回刺激する．まだ妊娠はさせない．初発情が発見され次第，種付け舎に移動する．次の発情で種付けし，背脂肪厚と体重を測定・記録し，次の豚舎に移動する．

(3) 若雌豚の妊娠舎： ここで妊娠80日齢まで飼育する.

(4) 若雌豚が分娩するまでの妊娠舎と分娩豚舎（産次1となる)： 妊娠95日から飼料を1kg増やす. 適切な時期に分娩舎に移動する.

(5) 離乳後種付けされる豚舎： 産次1で種付けし, 妊娠期中期（50～70日）に（6）の豚舎に移動する.

サイト2（産次2以降の雌豚ための豚舎）では（5）で種付けされた母豚およびそれ以後の母豚を飼育する. さらに産次1の母豚と2以降の母豚から生まれた子豚は違った肥育豚舎で育てられる. 産次1の母豚から生まれた子豚は, 母乳からの移行抗体が少ないと考えられているからである.

c. バイオセキュリティのデザイン例

北米C社は母豚13万2000頭を保有し, 年間240万頭の肉豚を生産している. C社のバイオセキュリティシステムの概要は以下のとおりである.

・農場を人里離れた場所に建設する.

・豚舎は24時間換気し, 野鳥が入らないようにし, 周囲フェンスと鍵付きドアを設け. 豚舎はネズミ類が近づきにくいような構造をもたせる.

・全畜舎に出入り制限をつける. たとえば, 従業員でも自分の仕事場以外の部署に行くときは, ブタのいない場所での24時間の待機時間を義務づけている.

・種豚をハイヘルス（high health）状態に保つ. ハイヘルスとは, 生産上大きな問題となる疾病がない, または制御されている状態である. 健康で病気抵抗性をもつ母豚を選抜し, 種付け群のピッグフローを良くする.

・各部門でのオールイン・オールアウトの実施.

・生産指標の定期的測定と記録・分析を行う.

・飼料とブタの運搬用トラックも定期的に検査し, 移動は常に記録・分析する. 運搬時にはトラックを水洗・乾燥・消毒する.

もし病気が発見されれば, その動物群への影響を軽減し, かつ他の施設への拡散を防ぐために治療がなされる. このバイオセキュリティの実践で病気発生のリスクを下げ, 施設の分散により病気伝播のリスクを下げることで, 病気の発生と拡散による経済的影響を下げている. 〔纐纈雄三〕

参考文献

Danish Agriculture & Food Council (DAFC) (2015)：Annual Statistics 2014. (http://www.agricultureandfood.dk/ [2016.06.14 取得])

Eurostat (2010)：http://epp.eurostat.ec.europa.eu/statistics_explained/ [2012.08.15 取得]

小磯　孝 (2009)：我が国の種豚生産の現状と課題．関東畜産学会報，**59**：96-101.

纐纈雄三 (2006)：産業動物臨床に必要な生産システムの考え方．日本獣医師会雑誌，**59**：567-572.

McOrist, S., Khampee, K., Guo, A. (2011)：Modern pig farming in the People's Republic of China: growth and veterinary challenges. *Rev. sci. tech. Off. int. Epiz.*, **30**：961-968.

門間　俊・纐纈雄三 (2006)：養豚経営から財務と経営分析技術を学ぶ．明大農研報，**55**：125-136.

National Pork Board (NPD) (2014)：Quick Facts: The Pork Industry at a Glance. Pork Checkoff. [2016.06.14 取得]

日本養豚協会 (2012)：国内養豚の国際競争力強化についての中間報告．ピッグジャーナル，**15**：20-21.

3. ブタの特徴

ブタは家畜化された動物のうち，世界中で最も広く肉資源として利用されている動物といわれている．ユダヤ教，イスラム教圏を除く多くの国で食材として利用されている．その理由として指摘されることは，①一度に10頭以上，1年に2度以上分娩するなど，家畜のなかで最も多産であること，②生まれたときの体重は平均1.2 kg程度だが，6ヶ月で110 kgに到達し，雌は自身の1歳の誕生日に次世代の子豚を生産するなど成長が早いこと，③雑食性であり，他の家畜と比べ飼料の利用性がすぐれること，である．

体重45 kg以上の大型哺乳類で20世紀までに家畜化されたのは，たった14種類にすぎない．世界中に広がり地球規模で重要な存在となったのは，メジャーな5種としてヒツジ，ヤギ，ウシ，ブタ，ウマ，マイナーな9種としてヒトコブラクダ，フタコブラクダ，ラマおよびアルパカ，ロバ，トナカイ，スイギュウ，ヤク，バリウシ，ガヤル（ガウル）があるが，これらのなかで動物性食物および植物性食物の両方を食す雑食性はブタだけである（ジャレド・ダイアモンド，2000）．

世界中で多くのブタ品種が作られてきたが，現在では主として18世紀以降に確立された欧米品種を使ったブタ生産が行われている．また，同一品種の中でも産肉性，肉質，繁殖性，抗病性などの特徴が異なる系統がいくつも造成されてきており，近年ではそれらの造成に科学的手法が用いられている．スペインのイベリコ豚，沖縄県の琉球豚（アグー）のように，それぞれの地域の特性に合った飼育で長年飼育されてきているものもあるが，中国・東南アジア諸国の在来品種は発育や繁殖能力など生産効率の高い欧米品種との交雑や置き換わりにより，絶滅危惧種となってきている．

一方，医学治療を目的とするイヌやマウスなどを使った動物実験が制限される方向にあるなかで，ブタは雑食という点でヒトと食性が共通していること，ストレスや循環器系の障害に非常に敏感であること，他の家畜やマウスなどと比較し，人間の臓器と形態学的，生理学的特徴が似ていることなどから，生物医療研究のモデル動物として活用が期待されている．また，これまで肉資源として家畜化されたブタは他の動物と比較しすぐれた感性，賢さを備えていることを指摘する報告もある（ワトソン，2009）．本章では，おもに食肉源としての豚肉の特徴と，医学治療へのモデル動物としてのブタの利用などについて紹介する．

3.1 肉資源としてのブタの歴史

家畜としてのブタは，肉資源としての利用が最大の目的だったといえる．食材としての豚肉消費の方法は国や地域，文化などによりさまざまに異なるが，わが国での利用方法は，精肉，および加工品としてハム・ソーセージなどである．手軽な購入価格と料理のしやすさ，料理メニューの多さによって，豚肉は最もポピュラーな食肉となっている．今日では豚肉の栄養学的な意義についての詳しい研究が進んでおり，必須アミノ酸や無機質，特にビタミン B_1 が多く含まれていることが特徴である．古来，イノシシは肉が美味であることから狩猟の獲物として捕獲され，奈良時代には猪飼部と呼ばれるブタ（猪）飼育専門の職業集団がブタを肥育しその肉を宮廷に貢進していたこと，鎌倉，安土桃山，江戸時代にブタあるいはイノシシが飼われていたようすを知る絵や書物の記述が紹介されている（黒澤ほか，2010）ことなどから，これらが家畜化されたブタなのか野生のイノシシなのか科学的検証が必要であるものの，食用を目的とした飼育が古くから行われてきたことは事実と思われる．海外では家畜化されたブタは18世紀頃までは主として森の放牧地で粗放的に飼われていたが，産業革命で都市の人口が増えるにつれて動物性タンパク質や脂肪の需要がたかまってきたため，19世紀以降多くの国でブタの集約的飼育が行われるようになり，飼育数は飛躍的に増大した．また，育種改良と飼料内容などの飼育環境の改善により，飼育期間や肥育期間も短くなった．当初は肉よりも脂肪（ラード）がより重要な生産物であり，脂肪蓄積の多い品種が育種された時期もあったが，近年では赤肉割合を高めるための改良が進み，皮下脂肪の厚さがだいぶ薄くなっている．それに伴い筋肉内の脂肪も減少し肉質に悪い影響が出てきたため，肉質を改良形質とした取組みもなされている．ただしわが国では枝肉格付規格基準として枝肉重量とともに一定の厚さの背脂肪厚が重要とされたため，筋肉内脂肪量も適度で肉質の品質が保たれているといわれる．遺伝的に筋肉脂肪割合を高めるなど，肉質に特徴をもった系統造成の取組みも行われている．

ユダヤ教，イスラム教の人々からはブタと豚肉は拒絶される．直接的にはユダヤ教における宗教・生活上の規範とされる『律法（トーラー)』，およびイスラム教の聖典『コーラン』において，それぞれ「食べてはいけない」と書かれていることによるが，おそらくこれらの地域の長い歴史のなかで形成された文化・社会的伝統がその背景にあるのであろう．

3.2 ヒトの医療へのブタの利用

近年，医学研究のための実験動物としてのブタの利用が進められている．その理由として，ブタとヒトの間での生理学的，ゲノム的，各種臓器のサイズの類似性があげられる．これまでは伝統的にマウス，イヌを使った動物実験モデルが医学研究のため組まれてきたが，ブタのような大きな哺乳類を使ったモデルがヒトの多くの病気，外科的調査，解剖学，生理学的研究，臓器移植のためには必要である．ブタは，家畜化されて以来，人間の目的により肉生産，繁殖，耐病性，代謝などさまざまな能力をもつように選抜されてきているので，ヒトの肥満，女性に特異的な疾病，循環器病，伝染病，栄養学的研究（ブタは雑食性なので）など，さまざまな研究テーマのモデルとして使うことが可能である．

多数の遺伝子により支配される生理学的形質と関連した遺伝と環境の交互作用によって発症する疾病などを対照とした膨大な研究がすでに開始されてきている．糖尿病，繁殖障害，がん，呼吸器障害などの病気についてはブタとヒトで共通点が多く，これら疾病のモデル動物としてブタが用いられる．ゲノム研究の結果，以前考えられていた以上に表現型の発現に遺伝子の転写と転写後の修飾が大きな役割を果たしていること，また複雑化したヒトの病気については遺伝的経路および遺伝と環境の交互作用が重要であることが明らかになってきたが，この点でもヒトと同じような消化器官をもち雑食動物として同様の代謝を行うブタでの知見は有用である．さらに，ヒトの皮膚と形態学的，組織科学的，生化学的，生物物理学的に最も似ているのはブタの皮膚であり，皮膚がんの研究などにも利用されている．

臓器移植は現在までにすでに定着した医療だが，近年各国とも深刻なドナー不足に悩まされ，多くの患者が移植を受けずに亡くなっていくのが現状である．この解決策としてブタの臓器を使う異種移植が検討されてきた．異種移植は種の異なる動物の間で行われる移植である．ヒトをレシピエントと考えたとき，遺伝的に遠い種であるブタなどの臓器を用いると，通常は超急性拒絶反応（hyperacute rejection：HR）が起こり，分単位で拒絶される．この問題の解決を目指し，2012 年 6 月，農業生物資源研究所や理化学研究所などの研究チームは免疫不全豚を世界で初めて造成したと発表した．これは遺伝子操作とクローン技術を組み合わせた結果，免疫器官の胸腺を欠損しており，リンパ球のうち T 細胞と NK 細胞ができず，B 細胞も抗体を作る機能を失っていた．研究チームは今後，B 細胞ができないブタも造成してさらに重い免疫不全の系統を確立する方針と伝えられている．異種移植は，21 世紀の新しい医学革命として大きな恩恵をもたらすことが期待される．

ブタの生理学的特徴が人間と似ているよい例として，血液成分の調査を紹介する（表 3.1）．材料は 15 頭のデュロック（D）と 20 頭の LD（ランドレース雌（L）とデュロック雄の交雑 F_1）で，体重が 30 kg，70 kg，90 kg と 105 kg の時点で採血し分析した値の平均値である．105 kg の日齢は約 5 ヶ月である．ヒトと異なる値を示す一部の項目はあるものの，多くの検査項目がきわめて類似している．脂質代謝，肝臓機能，タンパク質代謝，無機化学成分はヒトの基準値の範囲にある．しかし，ALP や LDH などの酵素活性値，無機リン含量はヒトと比べブタが高い値を示した．

また，表 3.2 には体重 110 kg 前後のブタの肝臓，腎臓，心臓などの臓器重量を示した．と畜時の平均月齢は 5～6 ヶ月齢である．表に示したヒトの値は平均年齢が 70 歳以上と高齢な検体から得られたものであることを考えると，だいたいヒトの臓器と類似した重量であるといえる．近年の豚は産肉能力の遺伝的改良により発育能力にすぐれ，分娩時の体重 1.2 kg 前後から生後 6～7 ヶ月で 100 倍の体重である 120 kg を超える発育能力をもつ．種雄や種雌豚の成熟時の体重はそれぞれ 300 kg，200 kg 以上にもなるが，3～4 ヶ月齢程度のブタであれば成人男性とほぼ同程度の 70 kg の体重である．実験用としてのブタは，体重がより小さい方が飼育や取り扱いが容易であり，小型の品種のブタの利用

表 3.1 ブタと人の血液生化学的成分値

		平均値*	ヒトの基準値
肝機能	ALP (IU/L/37℃)	348.5	100～360
	GOT (IU/L/37℃)	28	10～40
	GPT (IU/L/37℃)	36	5～40
	LDH (IU/L/37℃)	800.5	100～230
	γ-GTP (IU/L/37℃)	36.5	0～73
	コリンエステラーゼ (IU/L/37℃)	4.5	
	総ビリルビン (mg/dL)	0.3	0.2～1.4
	直接ビリルビン (mg/dL)	0.2	0.0～0.3
脂質検査	エステルコレステロール (mg/dL)	72.0	30～90
	総コレステロール (mg/dL)	90.0	120～240
	トリグリセライド (mg/dL)	36.0	30～149
	遊離コレステロール (mg/dL)	18.0	
	遊離脂肪酸 (mEQ/L)	0.1	
	リン脂質 (mg/dL)	120.0	
血清タンパク	A/G	2.1	1.5～2.5
	TP (g/dL)	6.5	6.5～8.3
	アルブミン (%)	66.9	60.3～72
糖 尿	グルコース (mg/dL)	99.0	70～110
腎機能	クレアチニン (mg/dL)	0.7	0.6～1.3
	尿素窒素 (mg/dL)	11.7	8.0～25.0
電解質	カリウム (mEQ/L)	5.6	3.5～5.0
	カルシウム (mg/dL)	11.1	8.3～10.2
	クロール (mEQ/L)	103.5	98～108
	ナトリウム (mEQ/L)	149.5	135～148
	無機リン (mg/dL)	7.9	2.5～4.5

*:ランドレースおよびランドレース×デュロックの交雑ブタ合計35頭の平均値.

が望まれるが，突然変異による矮性豚を繁殖したミニチュアピッグが作られ，一部医療用として活用されているほか，ペットとしての利用も行われている．

以上のように、ブタはヒトと比較的生理的特徴が似ている．腎臓移植の世界的権威であるビウイック博士は,「生理学的にみると，人間は立って歩くブタであり，ブタは地を這う人間である．したがって，体重が等しいならば，人間とブタの臓器はまったくの互換性をもつ」とまで述べている（阿部，1999）．これらの事実から，ヒト医療のための内臓提供動物としての利用が予想される．いずれにしても食肉としての価値が主だったブタは，ヒトとの類似性と本来食用で臓器を使うことに抵抗が少ないという要因をもって，移殖医療という新しい分野へと活躍の場を広げつつある．

〔鈴木啓一〕

表 **3.2**　ブタの内臓実重量（g）と比体重値（%）

	体重(kg)	心臓		肝臓		腎臓	
		実重量	比体重	実重量	比体重	実重量	比体重
L	32.1	100	0.31	725	2.26	125	0.39
L	71.7	225	0.31	1438	2.01	313	0.44
L	105.8	345	0.33	1627	1.54	427	0.40
LWD	30.5	146	0.48	688	2.26	154	0.51
LWD	71.7	269	0.38	1268	1.77	276	0.38
LWD	107.1	405	0.38	1638	1.53	386	0.36
LWD	103.0	400	0.39	1473	1.43	391	0.38
LWM	102.5	318	0.31	1464	1.43	373	0.36
LWB	103.0	325	0.32	1417	1.38	375	0.36
ヒト*	41.1	327	0.80	858	2.08	214	2.08

	体重(kg)	胃		小腸・大腸		肺・脾臓・膵臓	
		実重量	比体重	実重量	比体重	実重量	比体重
L	32.1	213	0.66	1788	5.57	1038	3.23
L	71.7	388	0.54	3338	4.66	1975	2.76
L	105.8	618	0.59	4364	4.13	2773	2.62
LWD	30.5	208	0.68	1613	5.30	779	2.56
LWD	71.7	478	0.67	3180	4.44	1751	2.44
LWD	107.1	644	0.60	3788	3.54	2616	2.44
LWD	103.0	518	0.50	3845	3.74	2645	2.57
LWM	102.5	555	0.54	4918	4.80	2882	2.81
LWB	103.0	558	0.54	3958	3.84	2875	2.79

L27 頭，LWD81 頭，LWD・LWM・LWB34 頭の合計 142 頭の計測値.
*：成人男性（平均年齢 80 歳）と女性（平均 82 歳）約 1500 人の平均値.

参 考 文 献

ジャレド・ダイアモンド著，倉骨　彰訳（2000）：銃・病原菌・鉄，草思社.
小西正泰監修，阿部　禎著（1999）：干支の動物誌，技報堂出版.
ライアル・ワトソン著，福岡伸一訳（2009）：思考する豚，木楽舎.

4. ブタの栄養，栄養要求量と給餌法

ブタの体を維持し，さらに成長･繁殖などすべての生産活動を行うためには，エネルギー，タンパク質（アミノ酸），脂質，ビタミン，ミネラルが不可欠である．子豚，肥育豚，妊娠豚，授乳豚に対して，それぞれ必要とされる最適な栄養素要求量が決められている．

4.1 ブタ飼料のエネルギー

エネルギーは通常，タンパク質（アミノ酸）やビタミンなどの「栄養素」には含まれない．しかしその重要性から便宜的には栄養素として扱うことが多い．エネルギーは通常の飼料原料中に多く含まれており，炭水化物やタンパク質，脂質がおもな供給源である．

ブタにとってエネルギーとは，体の維持，成長，繁殖，授乳など，すべての生命活動に必要とされるものである．飼料中に存在するエネルギーの一部をいったんアデノシン3リン酸（ATP）に保存し，通常はブタの体内で起こりにくい化学反応をそのエネルギーを利用することによって進めることができる．アミノ酸やビタミン，ミネラルなどの栄養素も重要ではあるものの，生命維持という最も根源的なことを司ることから，エネルギーは他の栄養素に対して最優先される．したがってブタはまず第一にエネルギーを十分量満たすような摂食行動をとる．エネルギー含量がやや低い飼料を給与されている場合には，ブタは1日あたりのエネルギー要求量を満たすように多めの飼料を摂取する．逆に油脂含量が高いような高エネルギー飼料が給与される場合には，ブタの飼料摂取量（kg/日）は低下する．ただし，このようなブタ自身による摂食量の調節にはおのずと限界がある．エネルギー含量が低すぎる飼料の場合は，ブタは飼料摂取量を増やしてもその要求量を満たすことができなくなり，成長に悪影響が

現れる．また，見かけ上の増体に悪影響が認められなくても飼料摂取量が増えていることから飼料要求率は高くなり，飼養成績としては低下することになる．一方，エネルギーの過剰供給は脂肪の過剰蓄積につながる．したがってブタに対しては，飼料中のエネルギー含量は適切であることが望ましい．

飼料中の脂質は脂肪酸とグリセリンがエステル結合したトリアシルグリセロール（中性脂肪）が大半である．中性脂肪はそのエネルギー含量が炭水化物やタンパク質と比べて高く，おもにエネルギー源と考えてよい．

ブタは飼料中のすべてのエネルギーを利用できるわけではない．図 4.1 に飼料中エネルギーの分類を示した．飼料を熱量計で燃焼させたときに得られるエネルギーを総エネルギー（gross energy：GE）と称し，これが飼料中に含まれるすべてのエネルギー含量である．ブタが飼料を摂取したとき，未消化のものはふんとして排泄されるが，このふん中に含まれるエネルギーを総エネルギーから差し引いたものが可消化エネルギー（digestible energy：DE）である．すなわち可消化エネルギーとは，飼料中エネルギーのうちのブタが実際に体内に吸収できるエネルギーを示す．ブタは尿を排泄するが，この中にもエネルギーが含まれている．また，少量ではあるものの消化管内で発生したガス（おもにメタンガス）を排泄し，このガス中にもエネルギーが存在する．可消化エネルギーから尿中およびガス中に排泄されるエネルギーを差し引いたものが代謝エネルギー（metabolizable energy：ME）である．尿中およびガス中に排泄されるエネルギーは避けられないものであり，ブタのエネルギー収支のうえでは損失となる．したがって，可消化エネルギーよりも代謝エネルギーがより正確にブタによって利用可能なエネルギーということができる．ブタが飼料を摂取し，消化吸収や体内でのさまざまな代謝活動を行うときに熱産生が起きる．この飼料摂取に伴う熱産生は熱量増加（heat increment：HI）といい，これも必然的に起きるエネルギー損失である．代謝エネルギーから熱量増加を差し引いたものが正味エネルギー（net energy：NE）である．この正味エネルギーは実際に

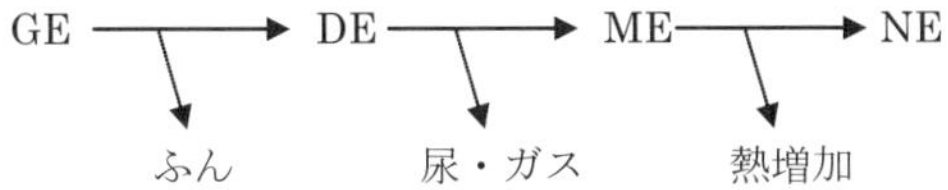

図 4.1　飼料エネルギーの流れ
GE：総エネルギー，DE：可消化エネルギー，ME：代謝エネルギー，
NE：正味エネルギー．

ブタが利用できる飼料中エネルギー量を最も正確に表しているといわれている．しかし，それぞれの飼料の正味エネルギーを測定することは困難であることから，エネルギー評価の指標として代謝エネルギーがよく使われる．ブタの場合，一般的に使われる飼料原料では代謝エネルギーと可消化エネルギーとの間に相関が高く，さらに飼料中の可消化エネルギーは測定が容易であることから，可消化エネルギーがよく使われる．可消化エネルギーと代謝エネルギーとの間では以下の関係式が示されている．

$$\mathrm{ME} = \mathrm{DE} \times 0.965$$

かつてはエネルギーの評価として可消化養分総量（total digestible nutrients：TDN）が用いられていた．しかしその科学的根拠が低いことから，TDN は現在ではあまり使われない．ただし，過去の飼料原料のデータが TDN として多く存在しており，これらを有効に利用するため，TDN を換算式によって可消化エネルギー（DE）へ変換している．DE と TDN の関係は以下の式で求められる．

$$\mathrm{DE[kcal/100g]} = \mathrm{TDN[\%]} \times 4.41$$

エネルギーの単位はこれまでカロリー（cal）がよく使われてきた．1 cal は 14.5℃の水を 1℃上昇させるのに必要な熱エネルギー量と定義されている．国際単位系（SI）ではエネルギーをジュール（J）で示すことが推奨されており，1 J は 1 kg の質量を 1 m/s^2 に加速するのに必要とされる仕事である．最近ではエネルギー単位をジュールとして示すことが多くなった．しかし，飼料中のエネルギー含量は熱量計で熱エネルギーとして容易に測定でき，さらにこれまでの多くのデータがカロリー単位として蓄積されていることからカロリー単位も使われている．なお，ジュールとカロリーとの間には以下の関係式が成り立つ．

$$1\ \mathrm{cal} = 4.184\ \mathrm{J}$$

4.2　ブタ飼料のタンパク質とアミノ酸の価値

4.2.1　タンパク質とアミノ酸

タンパク質は 20 種類のアミノ酸がさまざまな配列でペプチド結合した高分子物質である．タンパク質を構成するアミノ酸を表 4.1 に示した．アミノ酸は 2 種類に分けられ，1 つはブタが体内で合成できないため，飼料から必ず摂取

表 4.1　タンパク質を構成するアミノ酸

必須アミノ酸
アルギニン，ヒスチジン，イソロイシン，ロイシン，リジン，メチオニン，フェニルアラニン，トレオニン，トリプトファン，バリン
非必須アミノ酸
グリシン，アラニン，チロシン，セリン，システイン，プロリン，アスパラギン（酸），グルタミン（酸）

する必要のある「必須アミノ酸」，他の1つは体内で合成できる「非必須アミノ酸」である．飼料中に含まれるタンパク質はブタに摂取された後，消化管内でペプシン，トリプシンなど消化酵素の働きによって最終的には1つのアミノ酸となって吸収される．したがってブタがタンパク質を摂取することは栄養学的にはアミノ酸を摂取することとほぼ同じ意味になる．体内に吸収されたアミノ酸はおもに体タンパク質合成の素材として利用され，ブタの体をつくる構造タンパク質やさまざまな代謝調節にかかわる酵素，受容体，免疫にかかわる抗体等，体内のありとあらゆる場所に存在し，さまざまな機能を果たしている．

アミノ酸にはタンパク質合成の素材としての機能以外に，エネルギー源としての機能も存在している．体内のタンパク質は常に合成，分解が繰り返されており，動的な状態である．このとき，飼料由来のアミノ酸と体内のタンパク質が分解されて遊離されてきたアミノ酸と一緒になってアミノ酸プールを形成する（図 4.2）．このアミノ酸プールからはタンパク質合成に使われるアミノ酸と分解代謝に向かうアミノ酸に分かれる．新生子豚においては分解されるアミノ酸の割合が比較的高い．なぜなら新生子豚の体内に蓄積されているエネルギーの 70%はタンパク質であり，体タンパク質を分解して得られるエネルギーを多く使っている（Benevenga *et al*., 1989）からである．

さらに，個々のアミノ酸にはタンパク質合成の素材およびエネルギー源以外の重要な機能を示すものがある．たとえばグルタミンは消化管粘膜での重要な

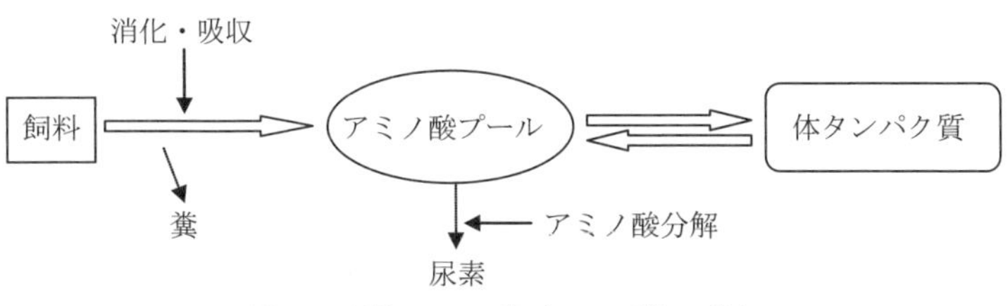

図 4.2　飼料タンパク質（アミノ酸）の流れ

エネルギー源として，トレオニンはその粘膜合成にかかわり，アルギニンはインシュリン分泌を促進する．さらにリジンは脂肪酸分解にかかわるカルニチンの前駆物質，トリプトファンはメラトニンやセロトニンといった脳内神経伝達物質の前駆体である．

4.2.2 タンパク質（アミノ酸）栄養

従来，ブタ飼料のタンパク質栄養評価については飼料中の粗タンパク質（crude protein：CP）含量が用いられてきた．しかし飼料中のCP含量が同じであっても，使用する飼料原料が異なれば飼料中の個々のアミノ酸含量は異なる．現在では，タンパク質栄養の本体はアミノ酸栄養と考えられている．したがって重要なことは飼料中のタンパク質含量ではなく，必須アミノ酸の量とバランスになる．すなわち飼料中のすべての必須アミノ酸がそれぞれの要求量を満たし，さらにそれぞれの比率が最適であれば十分な成長（体内でのタンパク質合成量）が期待できることになる．この点の説明については「桶の理論」がよく用いられる（図4.3）．すなわち各アミノ酸要求量の充足率において最も少ないもの（第1制限アミノ酸；通常はリジンになる）が水のたまる量（タンパク質蓄積量）を決定し，それ以上水を入れても漏れ出してしまう（タンパク質合成量は増加しない）ということである．表4.2にブタに対する必須アミノ酸

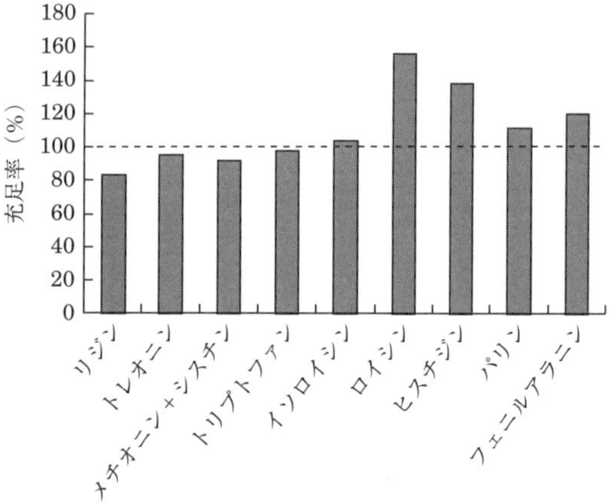

図 **4.3** 桶の理論
充足率を最も満たしていないリジンが限界（約80%）となり，80%より上の他のアミノ酸は余分なアミノ酸となる．

表 4.2　ブタに対する必須アミノ酸の理想パターン（日本飼養標準 2013 年版）

必須アミノ酸	リジンに対する比率		
	子豚・肥育豚	妊娠豚	授乳豚
アルギニン	33	—	67
ヒスチジン	34	30	39
イソロイシン	60	86	70
ロイシン	100	74	115
リジン	100	100	100
メチオニン＋シスチン	61	67	55
フェニルアラニン＋チロシン	95	77	115
トレオニン	65	84	70
トリプトファン	19	16	19
バリン	68	71	81

の理想パターンを示した（日本飼養標準 2013 年版）．

飼料中の CP 含量は，成分的に極端な偏りのある飼料原料を使用する場合を除いて，通常の飼料原料を用いていれば考慮しなくてもよい．しかし最近の栄養学においては，非必須アミノ酸の機能性が見直されており，必須アミノ酸だけではさまざまなところで不都合が生じることが指摘されている．

4.3　維持，成長と繁殖のためのエネルギー，タンパク質要求量

以下に述べる要求量の考え方は，各栄養素の推奨量が詳しく示されている日本飼養標準（2013 年版）で採用されているものを中心にして解説する．

4.3.1　維持に要するエネルギー要求量

日本飼養標準（2013 年版）では，肥育豚の維持（エネルギー出納がゼロのとき）に要するエネルギーとして以下の計算式を採用している．

$$\text{維持に要するエネルギー[DE, kcal/日]} = 140 \times W^{0.75}$$

W は体重（kg）である．エネルギー要求量は体重の 0.75 乗（$W^{0.75}$）に比例するとされ，$W^{0.75}$ は代謝体重と呼ばれる．上式の DE をブタが摂取すると体重を維持することができる．維持に要するエネルギーには，ブタがまったく生産（増体）していないときでも最低限生きていくためのさまざまな代謝活動（基礎代謝），運動，飼料摂取・吸収にかかわる熱増加，体温維持などが含まれる．

なお，肥育豚とは異なり，繁殖豚の維持要求量は安静時のものとして

$$繁殖豚の維持要求量[DE, kcal/日] = 114 \times W^{0.75}$$

を採用している．

4.3.2 成長に要するエネルギー要求量

肥育豚のエネルギー要求量は維持＋生産（増体）と2つに分けて考える．維持は先に示した式で計算できる．生産に要するエネルギー部分では生産の中身をタンパク質と脂肪に分けて以下の式で計算する．

$$生産に要するエネルギー = \frac{PR}{0.42} + \frac{FR}{0.71}$$

ここで，PRはタンパク質として蓄積するためのエネルギー量を示し，FRは脂肪として蓄積するためのエネルギー量である．0.42および0.71はそれぞれの蓄積効率である．PRとFRは以下の式で求めることができる．

$$PR = (-0.121\,W + 119.2\,WG + 25.5) \times 5.66$$

$$FR = (-0.268\,W - 0.0015\,W^2 + 99.65\,WG + 42.43\,WG^2 + 3.45\,W \times WG - 21.4) \times 9.46$$

ここで，Wは体重，WGは日増体量（kg/日），5.66および9.46はそれぞれタンパク質および脂肪の1gあたりのエネルギー含量（kcal）である．この計算式から，成長に要するエネルギー量は体重と日増体量から計算できることがわかる．肥育豚の維持および生産に要するエネルギー要求量を，次の計算式にまとめることができる．

$$肥育豚のDE要求量[kcal/日] = 140 \times W^{0.75} + \frac{PR}{0.42} + \frac{FR}{0.71}$$

このDE要求量は1日あたりのkcalで示されており，実際の飼料設計時には飼料1kgあたりのDE含量（Mcal/kg）の値が必要になる．日本飼養標準ではトウモロコシ，大豆粕を主体にした標準的な飼料のエネルギー含量（Mcal/kg, MJ/kg）を体重区分別に表で示している．

図4.4に肥育豚の体重別および性別の増体量の中身を示した．これから明らかなように去勢雄と雌では増体の中身が異なっている．すなわち肥育後半において去勢雄は雌よりも脂肪蓄積量が多く，逆にタンパク質蓄積量は雌が多い．このことは，より正確にエネルギー要求量を示すには去勢雄と雌では異なるということである．日本飼養標準では性別の栄養素要求量は示していないが，性

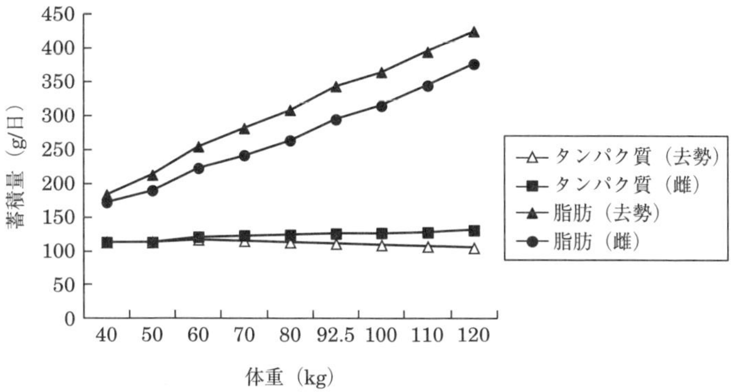

図 **4.4** 成長に伴うタンパク質・脂肪の蓄積量（g/日）（日本飼養標準 2013 年版をもとに筆者作成）

別のエネルギー要求量を求める関係式を提示しており，性別のエネルギー要求量を別表で示している．

4.3.3 繁殖に要するエネルギー要求量

a. 繁殖育成豚

繁殖育成豚は肥育豚と比べて増体量を低く抑えるとしているが，現状では肥育豚と同様な飼料で肥育している養豚場が多いようである．

b. 妊娠豚

妊娠豚のエネルギー要求量も，基本的には肥育豚と同様に，維持に要するエネルギー＋妊娠期間中のタンパク質および脂質蓄積のためのエネルギーとして求めることができる．

$$\mathrm{DE} = 110\ \mathrm{W}^{0.75} + 63.12\ \mathrm{NWG} - 836$$

ここで NWG は受胎産物を含まない母豚のみの増体量である．また，W は妊娠期間中の平均体重であるが，交配時体重＋NWG × 1/2＋妊娠期間中の子宮総重量（22 kg）× 1/2 として計算される．

c. 授乳豚

授乳豚のエネルギー要求量は維持と泌乳のためのエネルギー要求量を加えたものである．泌乳のためのエネルギー要求量は次式で示される

$$\mathrm{DE[kcal/日]} = (1243\ \mathrm{M} - 0.25 \times 9417 \times 0.85)/0.62$$

M は泌乳量（kg/日）で，哺乳子豚を 10 頭として，初産で 6.5 kg，経産豚で 7.5 kg である．一般に，授乳期間中には母豚は体重減少がみられ，これは母豚

の体脂肪が泌乳に用いられると考えられている．括弧内に－があるのはそのためで，授乳豚からのエネルギー供給分を給与飼料エネルギーから差し引いている．0.25 は 1 日あたりの母豚の体重減少量（kg），0.85 は体脂肪の乳への変換効率，0.62 は飼料エネルギーの乳エネルギーへの変換効率である．

授乳豚のエネルギー要求量をまとめると次式になる．

$$DE = 110\ W^{0.75} + 2005\ M - 3228$$

4.3.4 タンパク質（アミノ酸）要求量

タンパク質要求量は現在ではアミノ酸要求量として考えてよい．通常の植物性飼料原料を中心に配合した飼料では必須アミノ酸であるリジンが最も欠乏しやすく，かつ必要量も多い．そこでリジンの要求量を中心にして考え，他の必須アミノ酸はリジンに対する比率で求める．

a. 肥育豚

ブタが 1 日あたり 1 kg の増体をするために必要なリジン量は，全リジンで示した場合はブタの体重が軽い重いにかかわらず 20.4 g とされている．その理由は以下の通りである．これまでの国内，国外のリジン要求量に関する多くの文献を比較調査したところ，飼料中の含量（%）としてリジン要求量を示すと体重の軽い子豚期はリジン要求量は高くなり，逆に体重の重い肥育後期豚ではリジン要求量は低くなっていた．そこで，この飼料中含量（%）で示したリジン要求量を 1 kg 増体に要するリジン要求量（絶対量）に変換したところ，体重および日増体量とは無関係に，ほぼ一定値（20.4 g）になることが示された．すなわち，子豚でも肥育豚でも 1 kg 増体するために必要とされるリジン量は 20.4 g である．このリジン要求量の 20.4 g を基準として，トレオニンやメチオニン，トリプトファン等の必須アミノ酸要求量は，必須アミノ酸の理想バランスから算出される．理想バランスとは，豚体のアミノ酸バランス等を基礎にして求めたものであり，リジンを 1 としたときの他の必須アミノ酸の比率で示されている（表 4.2）．以上のようにアミノ酸要求量は絶対量で示すことが理論上正しいが，実際に飼料配合するときには含量（%）が必要になる．そのためには想定される日増体量および飼料摂取量を決定し，その値を用いて含量（%）としてのアミノ酸要求量を算出する．日本飼養標準では便宜的にアミノ酸要求量を絶対量（g/日）と含量（%）の両方で示し，さらに，各必須アミノ酸の要求量は一定範囲内の体重別に決められている（日本飼養標準 2013 年版）．

リジン要求量の 20.4 g/1 kg 増体という値は有効リジン量で示すと 17.3 g/1 kg 増体である．これは一般的な飼料中のリジン有効率が 0.85 として，17.3 ÷ 0.85 = 20.4 と計算されるからである．すなわち配合に用いる各飼料原料の有効率とは無関係に，リジン要求量は有効率で表す 17.3 g/1 kg 増体が最も正確とされる．実際には配合に用いるそれぞれ飼料原料中の有効リジン含量を加えた，飼料全体の有効リジン含量が最も重要になる．

20.4 g というリジン要求量は，1 日 1 kg 増体に必要なリジン量であるが，通常は日齢や品種，ブタの能力，農場間，季節等で日増体量はさまざまである．したがって現在のリジン要求量は個々の養豚場の現状に対応しており，より正確に示すことが可能である．そこで日増体量，飼料摂取量の値をどのように設定するかがポイントになるが，この点は各農場，各日齢それぞれで，これまでに得られている多くのデータで計算できると思われる．以上のことからリジン（アミノ酸）要求量は，本来は各養豚場，季節，品種，そして日齢によって異なるものである．

b.　妊娠豚および授乳豚

妊娠豚のリジン要求量は，日本飼養標準ではさまざまな実験データをもとに 10.8 g/日を採用している．

授乳豚のリジン要求量は，窒素出納，血漿中尿素濃度，血漿中遊離リジン濃度を指標とした文献値を解析して次の式を示している．

$$\text{リジン要求量}[\text{g/日}] = 0.980 + 22.9\ \text{LG}$$

ここで LG は 1 腹の哺乳子豚の 1 日あたり増体量（kg）である．これにより，哺乳子豚数の違い，増体量の違いに応じたリジン要求量を求めることができる．

4.4　水分，ミネラルおよびビタミンの要求量

ミネラルとビタミンについては環境やストレスによってその要求量が変動するとされている．また，飼料原料中に十分な量が含まれていないか，あるいはその利用性が低いものもあり，一般にはプレミックスとしてこれらの微量ミネラルやビタミンを飼料に添加している．

4.4.1　水分の要求量

水分は栄養素に含まれない．しかし，ブタが生命を維持し，成長するためにはきわめて重要である．動物の体内では多くの場合，酵素の触媒作用によってさまざまな化学反応が起きており，これがすべての生命活動の基本である．この化学反応において，直接水分子が反応にかかわらなくても，反応の場に水分子が十分量存在しないと反応は進みにくくなる．また，細胞の浸透圧を維持するためにも水分は必要である．したがって水分は体内のありとあらゆる部位において一定量必要とされる．

哺乳子豚は母乳から水分を摂取しているが，母乳のみでは水分量は不足するとされており，ニップル型やボウル型の飲水器によって水分を供給するのがよい．この時期に飲水器に子豚が十分に慣れていると，離乳した直後も水分補給が十分量となり，液体の母乳から粉状の人工乳へという飼料の激変に対して移行がスムーズになる．

離乳子豚，肥育豚いずれも水分要求量は飼料摂取量の 2 倍程度とされている．したがって 1 日あたり離乳子豚の飲水量は 0.5〜1.5 L，子豚期は 1.5〜4 L，肥育豚前期では 4〜5 L，肥育豚後期では 5〜7 L となる．

妊娠豚の飲水量も基本的には肥育豚と同様に飼料摂取量の約 2 倍である．授乳豚は適温環境下では約 20 L とされているが，子豚の数とともに増加するといわれている．

飲水量に関与する要因には飼料，環境，行動など，多くのものがあるが，特に飼料中の粗タンパク質（CP），ナトリウム，カリウムの含量は大きく影響する．近年，窒素排泄量や一酸化二窒素（N_2O；温室効果ガスとして知られる）排泄量を低減するために，低タンパク質アミノ酸添加飼料の利用が進められている．このとき，ブタのタンパク質摂取量が低下するため，体内でのタンパク質代謝に要する水分量が減少し，ブタの飲水量は低下する．このことは窒素排泄量の低下のみならず，尿量そのものの低下につながり，養豚場としては汚水処理の点から大きなメリットとなる．

4.4.2 ミネラルの要求量

ミネラルは飼料原料中に少量含まれており，ブタの骨格形成や代謝調節等に重要な役割を果たしている．ミネラルは要求量の多い主要ミネラル（カルシウム，リン，ナトリウム，塩素，カリウム，マグネシウム）および要求量が少ない微量ミネラル（鉄，亜鉛，マンガン，銅，ヨウ素，セレン，コバルト，硫黄，クロムなど）に分けられる．

ミネラルはそれぞれ単独の要求量も重要であるが，相互のバランスも重要である．たとえば，カルシウム／全リンの比は1〜1.5，カルシウム／非フィチンリン（フィチンについては後の説明を参照）の比は1.5〜2.5が最適とされている．銅を飼料中に添加すると，それに応じて亜鉛の要求量も上昇する．また，ミネラルは過剰に給与しすぎると中毒症状を示すことがあるため，ミネラルの給与には注意が必要である．

a.　主要ミネラル

（1）　カルシウムとリン

カルシウムとリンは骨の主成分として重要であるが，それ以外にもさまざまな代謝系に関与している．カルシウム，リンが欠乏すると，子豚ではくる病，授乳豚では骨軟症が発症する．

一般に植物飼料原料中にはカルシウム，リンは十分量含まれていないため，炭酸カルシウム，リン酸カルシウムなど，無機態のカルシウム，リンを飼料に添加する．植物飼料原料中のリンは70〜80%がフィチン態という分解されにくい貯蔵形態で存在する．ブタはこのフィチン態リンをほとんど利用できないため，植物飼料由来のリンの多くは糞中に排泄される．このことは単に飼料中のリンが無駄になるだけでなく，リンによる環境汚染につながる．近年，このフィチンを分解する酵素であるフィターゼを利用する技術が開発され，実用に至っている．すなわち，飼料中にフィターゼを添加すると消化管内でフィチンが分解され，それによってリンが遊離し，ブタに吸収されやすくなる．フィターゼ添加によって植物飼料原料中のリンの利用性が高まると，無機態リンの添加量を低くすることができる（斎藤，2001）．トウモロコシからのバイオエタノール生産の過程で生ずる副産物DDGS（distiller's dried grains with sulubles）は，その発酵過程でフィチンが一部分解されるため飼料としてのリン利用性が高く，ブタにおける見かけのリンの消化率は約60%である（Stein & Shurson, 2009）．

上記のような技術開発や研究が行われているものの，現在のところリンの要求量は利用性の高い非フィチンリン量で示すのがより正確であり，肥育前期（体重 30～50 kg）でのそれは 0.27%，肥育後期（体重 70～115 kg）は 0.20%である．また，妊娠豚，授乳豚いずれも非フィチンリン要求量は 0.45%である．

(2) ナトリウムと塩素

ナトリウムと塩素は体液中の浸透圧維持に重要な役割を果たしており，ナトリウムは細胞外液に陽イオンとして多く含まれている．塩素も細胞外液に陰イオンとして多く含まれ，胃でのペプシン活性化，殺菌の働きがある．ナトリウムの要求量は 0.1～0.2%，塩素の要求量は 0.08～0.2%程度であり，通常は食塩の形で飼料に添加する．

(3) カリウム

カリウムはほとんどが細胞内にリン酸塩またはタンパク質と結合した形で存在し，細胞内液の陽イオン調節に重要なはたらきをしている．一般的にはカリウムの不足は起きないため飼料中に添加しない．

(4) マグネシウム

マグネシウムは細胞内液や骨組織に多く存在し，骨形成やさまざまな代謝過程に関与している．通常の飼料ではマグネシウムは不足しない．

b. 微量ミネラル

(1) 鉄

鉄の 70%はヘモグロビン（血色素）中に，12%はフェリチン，4%はミオグロビン（肉色素）中に含まれる．鉄は酸素や二酸化炭素のガス交換，エネルギー代謝などに関与している．子豚は成長速度が速いため鉄欠乏を起こしやすく，通常，生後 3 日以内に筋肉内注射を行うなどする．

(2) 亜 鉛

亜鉛はインシュリンや多くの酵素，転写因子に含まれており，炭水化物，タンパク質，脂質代謝にかかわっている．銅の項で述べることと同様に，亜鉛の多量給与（1000～2000 ppm）で子豚の下痢防止，成長の促進が示されているが，環境汚染の観点からすると好ましいものではない．亜鉛が欠乏するとパラケラトーシス（不全角化症）になり，特徴的な皮膚の症状を示す．

(3) マンガン

ミトコンドリアに多く含まれ，さまざまな酵素の構成成分である．通常穀物にはマンガンが多く含まれているため，飼料中に欠乏することはない．

(4) 銅

血清セルロプラスミン（銅結合タンパク質）や多くの酵素の構成成分である．通常の飼料では要求量を満たす程度には銅は含まれている．しかし，子豚飼料に銅を100～250 ppm程度，過剰に添加すると子豚の成長が促進されることから，現在わが国で市販されている子豚飼料には125 ppmの銅が添加されている．なお，銅過剰添加で成長促進が起きるメカニズムは抗生物質の作用と似ているが，必ずしも明確にはわかっていない．

(5) ヨウ素

ヨウ素は60%甲状腺に存在し，甲状腺ホルモンの構成成分である．

(6) セレン

セレンは酵素グルタチオンパーオキシダーゼの構成成分として抗酸化作用に大きく関与しており，さらに甲状腺の代謝にも関係している．また，ビタミンEと相補的な作用を示す．セレンは要求量と過剰量との範囲が狭く，欠乏と過剰中毒の両方が起きやすいことから，飼料へのセレン添加には注意が必要である．

(7) コバルト

コバルトはビタミンB_{12}（コバラミン）の構成成分である．ブタの腸内細菌はコバルトを使ってビタミンB_{12}を合成できる．

(8) イオウ

イオウはグルタチオン，タウリン，メチオニン，シスチン等含流化合物の生成に必要である．通常，飼料中に欠乏することはない．

(9) クロム

クロムはさまざまな代謝に関連し，インシュリンの作用に関係すると考えられている．肥育豚にクロムを多く給与すると赤肉量が増え，背脂肪厚が低下することが報告されている．このメカニズムは明確ではないが，インシュリン作用の増強効果とされている．

4.4.3 ビタミンの要求量

ビタミンはエネルギー源や体構成成分とはならないが，さまざまな代謝調節に関与する有機物である．ビタミンは消化管内や体内で合成されないかあるいは合成量が少ないために，微量ではあるものの飼料として摂取する必要のある有機物と定義され，脂溶性ビタミンと水溶性ビタミンに分けられる.

a. 脂溶性ビタミン

脂溶性ビタミンにはビタミンA,D,E,Kの4種類がある．脂溶性であるために体内に蓄積されやすい．したがって欠乏症状を示すまでには時間を要し，逆に過剰障害を起こしやすい.

(1)　ビタミンA

ビタミンAにはレチノール，レチナール，レチノイン酸がある．植物飼料中にはカロテンが含まれており，β-カロテンはブタの小腸粘膜で二分され，レチノールとなる．ブタでのβ-カロテンからレチナールへの変換効率は1/6である．レチナールは網膜で光を受容するタンパク質ロドプシンの構成成分である．レチノイン酸は転写因子であるRAR，9-*cis*-レチノイン酸はRXRのリガンドとなって転写因子を活性化し，遺伝子発現を制御することによって細胞の増殖や分化に関与している．ビタミンAの要求量は妊娠豚で4000 IU/kg，肥育豚で1300 IU/kgである.

(2)　ビタミンD

エルゴカルシフェロール（D_2）とコレカルシフェロール（D_3）が主体であり，ブタでの効力は同等である．D_3は紫外線照射によって7-デヒドロコレステロールから合成される．おもな生理作用はカルシウムとリンの腸管からの吸収促進で，骨への蓄積を促進する．ブタは通常，日光の当たらない舎内肥育であるため，飼料へビタミンDを添加する必要がある．ビタミンDの要求量は妊娠豚，授乳豚で200 IU/kg，肥育豚で150 IU/kgである.

(3)　ビタミンE

ビタミンEのおもな生理作用は抗酸化物質として細胞内脂質の酸化を防ぐことである．ビタミンEには，α，β，γ，δ-トコフェロールと近年その抗酸化力の強さで注目されているトコトリエノールがある．ビタミンEはその抗酸化物質としての機能の関係から，飼料中のセレン含量，不飽和脂肪酸，含流アミノ酸，銅，鉄などの含量に要求量は影響を受ける．また，各種ストレスによって要求量は高まる.

(4)　ビタミンK

ビタミンKは血液凝固に関係するプロトロンビンの合成に必須である．植物飼料中に多く存在し，腸内微生物により合成される.

b. 水溶性ビタミン

水溶性ビタミンにはビタミンB群，ナイアシン，コリン，ビオチン，ビタミンC，葉酸がある．水溶性ビタミンは体内に蓄積されることは少なく，過剰摂取されたものは対外に排出される．

(1) チアミン（ビタミンB_1）

チアミンは脚気（かっけ）の予防因子として発見された．脱炭酸酵素（ピルビン酸デヒドロゲナーゼ複合体など）の補酵素であり，糖代謝の制御に重要な役割を果たす．ブタの肝臓に多く存在する．穀類，ぬか類に多く含まれるため，通常の飼料では不足することはない．

(2) リボフラビン（ビタミンB_2）

リボフラビンは補酵素FMN，FADの構成成分となり，腸内微生物によって合成される．穀類にはリボフラビンの含量が少ないため，通常，飼料にリボフラビンを添加する．

(3) ニコチン酸（ナイアシン）

ナイアシンはニコチン酸，ニコチン酸アミドと同等の活性をもつ物質の総称である．ニコチン酸は補酵素NAD，NADPの構成成分で，多くの代謝過程に関与する．ブタの体内でトリプトファン60 mgから1 mgのニコチン酸が生成される．したがって体内でのトリプトファンの過不足によってニコチン酸の生成量は影響を受け，要求量は変動する．穀類など飼料中に含まれるニコチン酸の多くは結合型でその利用性は低く，飼料中にニコチン酸を添加する必要がある．

(4) ピリドキシン（ビタミンB_6）

ピリドキシン，ピリドキサール，ピリドキサミンが存在する．ピリドキシンはアミノ酸代謝に重要で，アミノ基転移酵素（トランスアミナーゼ），脱炭酸酵素（デカルボキシラーゼ）の補酵素になる．一般飼料原料中にピリドキシンは多く含まれる．

(5) ビオチン

ビオチンは炭酸代謝（アセチルCoAカルボキシラーゼの補酵素），脱炭酸反応，アミノ酸の脱アミノ反応に関与し，ブタの繁殖機能全般に影響を及ぼすとされている．ビオチンは腸内細菌によって多く合成され，したがって欠乏することは少ない．

(6)　パントテン酸

パントテン酸は CoA，ACP の構成成分であり，糖代謝，脂質代謝に関与する．通常の飼料では要求量に対してやや不足気味のため，一般には飼料にパントテン酸を添加する．

(7)　葉　酸

葉酸は胚の生存に関係する多くの酵素反応に関与することによって繁殖機能全体に影響する．葉酸は，葉，穀類に多く含まれ，また，腸内細菌によって合成される．

(8)　コバラミン（ビタミン B_{12}）

コバラミンはコバルトを含む複雑な構造の補酵素で，発育，ヘモグロビンと赤血球の形成，繁殖に必要である．腸内細菌によって合成されるが，その利用性は低いとされており，通常は飼料にコバラミンを添加する．

(9)　コリン

コリンは体内でメチオニンから合成されるので正確にはビタミンではないが，通常はビタミンに含める．コリンはリン脂質の構成成分（レシチン）であり，またアセチルコリン形成による神経系に関与する．通常，塩化コリンの形で飼料に添加される．

(10)　ビタミン C（アスコルビン酸）

ビタミン C は体内で多くの酸化還元反応に関与する．ブタは通常の場合であれば体内で必要とされるビタミン C を合成できる．しかし，各種ストレス環境下ではビタミン C の要求量が増加することが考えられるので，飼料へのビタミン C 添加効果が認められることもある．

4.5　食欲，自由摂取と消化率

基本的にブタは食欲旺盛である．哺乳期には兄妹が競い合って母乳を飲む．離乳直後には，母豚からの分離，母乳（液状飼料）から粉末飼料（人工乳）への飼料の激変，場合によっては複数の腹の子豚を 1 豚房にまとめるなど，さまざまな環境の変化によって離乳子豚はストレスを受け，一時的に食欲は低下する．離乳直後の 1〜2 日はほとんど飼料を摂取しないブタも現れる．しかし，その後環境にも慣れ，食欲は旺盛になる．このとき，あまりにも急激な食欲の回復により，いわゆる食べ過ぎによる飼料摂取量の低下がみられることがある．この場合も3～4日すると自然に通常の食欲に回復する．子豚特有の下痢や肺炎等を発症したときも食欲は低下する．離乳時のこのような食欲の変動をできるだけ少なくし，スムーズに成長させることがその後の飼養成績に大きく影響を及ぼす．肥育期に入ってからは群変えなどの環境変化以外は食欲に大きな変動はなく，安定化する．妊娠豚は通常，制限給餌を行っており，ブタは空腹時間が長い．そのため，動物福祉の観点からエネルギー含量が低く，かさばる飼料の給与が考えられている．逆に授乳豚では泌乳を行うために栄養素要求量が高く，できるだけ多くの飼料を摂取させる．母豚の泌乳量は哺乳豚の成長に大きく影響を及ぼす．

ブタはエネルギー摂取量を満たそうとして飼料摂取量を自ら調節できる．したがって冬期の体温維持のためのエネルギー要求量が高まるときは食欲旺盛になり，飼料摂取量は増加する．逆に夏期は飼料摂取による体温上昇をできるだけ抑えようとして食欲は減少し，成長は低下する．産業的にはこの夏期の飼養成績低下は重要な問題である．これを解決するため，低タンパク質飼料や油脂添加が検討されたが，いずれも夏期の飼養成績改善には結びつかないようである．

飼料摂取量が増加すると一般的に栄養素の消化率は低下する．これは飼料摂取量が増加すると消化管内容物の通過速度が増し，消化時間が低下することから説明できる．逆に飼料摂取量が低下すると消化率は高くなる．ここで注意する点は，現在の飼料成分表に表示されている多くの各種飼料原料の消化率は制限給餌（体重の3.5～4%）のもとで行われた消化試験のデータであるということである．通常肥育豚は不断給餌であるため，現場での実際の消化率は成分表の値よりも低くなる．逆に，夏期は飼料摂取量が低下することから消化管内容物の通過速度が遅くなり，消化率は高くなる．ただし，飼料摂取量を同一にして適温下と暑熱下で消化率を比較すると，暑熱下での消化率は低下する（松本ほか，2010）．これは暑熱環境下では消化管機能がいくぶん低下していることを示している．

〔高田良三〕

参 考 文 献

Benevenga, N.J., Steinman-Goldsworthy, J.K., Crenshaw, T.D. *et al*. (1989)：Utilization of Medium-chain Triglycerides by Neonatal Piglets: I. Effects on Milk Consumption and Fuel Utilization. *J. Anim. Sci*., **67**：3331-3339.

中央畜産会（2005）：日本飼養標準 豚（2005年版），農業・食品産業技術総合研究機構.

松本光史ほか（2010）：暑熱ストレスが肥育豚の深部体温と消化吸収能力に及ぼす影響．日本養豚学会誌，**47**：240.

長田 隆・高田良三（2012）：肥育豚での飼料中アミノ酸バランスの改善による温室効果ガス排出抑制．最新農業技術 畜産 vol.5（農文協編），pp.279-285，農文協.

斎藤 守（2001）：解説 豚におけるリン排泄量の栄養面からの制御．日本養豚学会誌，**38**：67-75.

Stein, N.H., Shurson, G.C. (2009)：BOARD-INVITED REVIEW: The use and application of distillers dried grains with soluble in swine diet. *J. Anim. Sci*., **87**：1292-1303.

5. ブタの飼料

5.1 配 合 飼 料

配合飼料とは数種類の飼料原料を混合してブタの栄養素要求量を満たすように配合した飼料のことをいう．完全配合飼料（完配）あるいは市販飼料ともいい，飼料製造メーカーによって製造，販売されている．飼料原料として穀物が中心であるが，子豚用の人工乳には乳製品も含まれる．通常，ビタミン，ミネラルは飼料原料中の利用率が低かったり，含量そのものが少なかったりするため，プレミックスとしていくつかのビタミン，ミネラルをあらかじめ混合しておき，それの一定量を飼料に配合する．配合飼料にはブタにとって必要な栄養素はすべて含まれているため，配合飼料を不断給餌させればブタは順調に成長する．

ブタは飼料の粒度の大小によってその消化率が影響を受け，粒度が大きいと栄養素消化率は低下する．したがってトウモロコシや大豆粕等の飼料原料は粉砕して粒度を適度な大きさ（通常は 2 mm 程度以下）にした後，配合に用いる．

飼料原料を数種類混合するということはそれぞれ単味飼料の欠点を補うという意味もある．たとえばブタ飼料の最も一般的な配合はトウモロコシと大豆粕の組合せである．エネルギー含量はいずれも比較的高いため，特に問題はない．アミノ酸含量については，トウモロコシはリジン，トリプトファンが少なく，メチオニンは比較的多い．一方，ダイズ粕はリジン，トリプトファン含量が高く，メチオニンが少ない．したがってトウモロコシと大豆粕を混合すると，互いの欠点を補ってアミノ酸バランスが改善されることになる．このことがトウモロコシと大豆粕の組合せが「黄金の組合せ」といわれるゆえんである．

配合飼料は飼料中の各栄養素の過不足が製造の段階で詳しく考慮されている

ことから，飼料のユーザーである養豚農家はその使用にあたって特に調整などを行う必要はない．ただし，配合飼料は人工乳，肥育豚用，繁殖豚用など，それぞれのブタの生育時期に応じて最適な内容になっており，人工乳だけでも体重別（日齢別）に3〜4種類の飼料が製造されている．したがって，養豚農家はブタの生育時期に合わせて適宜飼料を切り替える必要がある．たとえば肥育前期用飼料を肥育後期ブタにまで引き延ばして給与することは好ましくない．

配合飼料は，その配合の内容を変えることによって栄養価はほとんど同じであってもその機能が大きく異なる飼料を作り出すことができる．ここでは低タンパク質アミノ酸添加飼料の一例を示す．

一般的に大豆粕などのタンパク質を多く含む原料は価格が高いこと，および貴重なタンパク質源の有効利用の観点から，できるだけその配合割合を減らしたいが，一方でこれは必須アミノ酸の供給源であることから，その低減の程度には限界がある．低タンパク質飼料とはこの限界を超えて飼料中のタンパク質含量をさらに低くするものである．低タンパク質飼料を配合設計したとき，リジンやトレオニン，メチオニンなどの必須アミノ酸がそれぞれの要求量を満たさなくなるが，飼料添加物としてこれらの結晶アミノ酸を添加することによって解決できる．

低タンパク質アミノ酸添加飼料は，欠乏する必須アミノ酸はないものの，低タンパク質化によって飼料全体のアミノ酸含量は少なくなる．このことは無駄になるアミノ酸量が少なくなることを意味し，言い換えればアミノ酸バランスが改善されたことになる．実際に低タンパク質アミノ酸添加飼料は，生産性（成長）を低下させることなく窒素排泄量を低減させ，環境への窒素汚染低減，温室効果ガス（一酸化二窒素）発生抑制に貢献できる（長田・高田，2012）．

現在では飼料添加物としてのアミノ酸が比較的安価に入手できるようになっていることから，低タンパク質アミノ酸添加飼料は一般慣行飼料よりも価格面で優位性がある．さらに，生産性（ブタの成長）にも悪影響がないことから，低タンパク質アミノ酸添加飼料の利用促進が期待される．

5.2 自家配合飼料

自家配合飼料は，個々の養豚農家が自ら飼料配合を行って製造する飼料のことをいう．自家配合飼料のメリットは，①自由に配合設計ができ，思ったように飼料配合ができる，②飼料価格が安くなる，③次節で詳しく述べる未利用資源を容易に利用できる，などである．現在では飼料原料やさまざまな飼料添加物が誰でも自由に手に入れることができるため，どの養豚農家でも飼料の自家配合は可能である．一方，自家配合飼料の難点として，①栄養学の基本的な知識が必要，②飼料配合するための時間・労力が必要，③粉砕機，配合機といった設備が必要，といったことがあげられる．現在の養豚農家で自家配合飼料を給与しているのはおおよそ1割程度といわれており，必ずしも多いとはいえない．自家配農家が増えない理由はさまざまと思われるが，時間・労力の問題が最も大きいようである．

自家配合飼料で最も容易に，かつ時間のかからない方法は，市販の配合飼料に一定量の原料を混合する方法である．ここで，最近注目されている飼料用米の例をあげてみる．

飼料用米はブタによる栄養素の消化率がトウモロコシよりも高く，すぐれた飼料原料である．ただし，配合飼料のトータルとしての栄養価と比較すると飼料用米そのものはタンパク質（アミノ酸）含量が低い．したがって配合飼料に飼料用米を多く混合すればするほど欠乏する必須アミノ酸（リジン，トレオニン，メチオニンなど）量は増え，それに応じて必須アミノ酸を添加する必要がある．飼料用米の配合割合が多い場合にはビタミン，ミネラルも欠乏する可能性があるため，計算して各要求量を満たすように添加する（高田，2012）．これらの作業は特に難しいわけではなく，誰でも容易にでき，若干の注意が必要なだけである．大きな規模の養豚場では必要とされる飼料量が多いため自家配合飼料は難しく，あるいは専用の人員を貼り付ける必要がある．しかしこのような場合には配合割合を指定して，飼料製造メーカーに配合を依頼することができる．規模がそれほど大きくない農場であれば自家配合飼料のメリットは大きい．

〔高田良三〕

参考文献

高田良三（2010）：飼料米は新たな栄養機能を持つ．養豚の友，2010年12月号：20-23.

5.3 未利用資源の利用（エコフィード）

ブタは本来ヒトの食料と競合しない残飯などにより飼われていたが，近年では穀物中心の餌で飼われ，ヒトの食料と競合するようになってきた．また飼料費は肉豚生産費の半分以上を占めるため，利用が進んでいない食品残さなどの飼料資源を低コストで有効活用することはたいへん重要である．

5.3.1 エコフィードとは

エコフィード（ecofeed）とは食品残さに由来する飼料のことで，「エコノミー economy」，「エコロジー ecology」双方の「エコ」と飼料（feed）との造語である．エコフィードには，醤油粕や焼酎粕など，食品の製造過程で得られる「食品製造副産物」，売れ残りのパンや弁当など，食品としての利用がされなかった「余剰食品」，野菜のカットくずや非可食部など，調理の際に発生する「調理残さ」，「食べ残し」などがある．

エコフィードには狭義と広義があり，従来から食品製造副産物の油粕類などは飼料として配合飼料原料に利用されており，それらは広義のエコフィードである．現在，エコフィード認証制度によって定義されるものは，未利用，低利用の食品循環資源を指す狭義のエコフィードである．

エコフィード認証制度は 2009（平成 21）年から運営され，その安全性はもとより，利用率，栄養成分，飼料化工程管理等について一定の基準を満たしたものが「エコフィード」（商法登録済）として認められる．また，2011（平成 23）年からは，認証エコフィードを給与した家畜から得られた生産物やその加工品に対しても認証される制度が運営されている．

狭義のエコフィードは，通常の配合飼料原料として利用されているものではなく，国内で発生した食品循環資源のうち今後さらなる飼料化の推進が期待されるものを「推進食品循環資源」と定義し，製品中のその割合が 5％以上であるということが認証基準の 1 つとなっている．

5.3.2 食品残さの飼料化条件

食品残さにはさまざまなものがあるが，下記の条件を満たすことが必要である．①利用の制度や規則を順守できること，②安全性が確保できること，③嗜好性がよいこと，④安価に安定的に利用できること，⑤栄養価があること，⑥収集や調理に手間があまりかからないこと，⑦環境問題を引き起こさないこと，⑧豚肉の品質などに悪影響を及ぼさないこと，である．

②の安全性に関しては，2005（平成18）年に農林水産省よりガイドラインが出されている．なお，②〜⑤に関していえば，もともと食品由来であるので，保存や利用に気をつけさえすればクリアできることであり，かつて広く行われていた残飯養豚が衰退した大きな理由は⑥〜⑧の課題である．

現在，普及・成功しているエコフィード養豚は，新たな技術開発によって⑥〜⑧をクリアしているといってよい．つまり，⑥⑦は食品残さの飼料化処理技術によって解決が進み，⑧は養豚農家が食品残さを利用したがらない第一の理由であったが，新たな技術開発により，配合飼料養豚を上回る肉質の肉を生産するエコフィード養豚まで現われてきた．

5.3.3　飼料化処理技術

飼料化処理技術としては，乾燥法，湿式法（サイレージ化，リキッドフィーディング）に大別される．

a.　乾燥法

(1)　乾熱乾燥

熱風によって食品残さを乾燥する最もポピュラーな方法である．ただし，乾燥むらを防ぐために破砕後，攪拌しながら乾燥する．乾燥むらが起きると，腐敗やカビ発生の原因となる．一方，焦げを発生させると，消化率を低下させ，また脂質を酸化させるので，注意が必要である．

一般的に水分の多いものを乾燥するには，水分の少ない飼料原料（穀類や乾燥エコフィードなど水分調整剤）を併用する．また，新たな装置として縦型にして下から熱風を吹き上げ，乾燥物を回収する縦型乾燥方式などがある．

(2)　減圧乾燥法

減圧により低温で水分を蒸発し，乾燥する方法である．なかでも真空乾燥法は，医薬，食品産業にも広く利用されている良質な製品を作る方法である．排ガスが少なく，熱効率も良いが，装置価格，処理量と処理時間に若干の課題がある．

(3)　発酵乾燥法

加熱乾燥する過程で原料に高温発酵菌を加え，発酵させることで雑菌の増殖や悪臭の発生を抑え，発酵熱も利用する方法である．発酵条件の調整が難しかったり，発酵により栄養価がやや低下することが課題となる．

(4)　油温脱水法

天ぷらや唐揚げの調理と同じ原理を応用した乾燥法である．すなわち，閉鎖系の容器に油（熱媒体，いわゆる揚げ油）を入れ，その中に食品残さを投入し，加熱することによって殺菌と同時に脱水を行う．減圧処理下で行うことで比較的低温で油が食品残さの内部まで浸透するため，ムラなく効率よく乾燥できる．油はリサイクル品を利用し，酸化が進めば燃料として利用される．閉鎖系のため悪臭は出ず，蒸発回収される水もきれいである．乾燥された製品は圧搾され，脱脂される．製品はフライドミールと呼ばれ，食品残さ飼料として農林水産省に認可された第 1 号である．通常処理の製品は消化性も高いが，高温で短時間処理されると焦げが発生し，消化率が低下することがある．

なお乾燥法の一般的な長所は保存が利き，通常の給餌システムで対応できることであり，欠点は乾燥コストの高さ，焦げによる消化率の低下である．

図 **5.1**　油温脱水法の飼料化工場（左）と処理装置（中央），製品（右）

b.　湿式法

(1)　サイレージ化技術

微生物による嫌気的な乳酸発酵によって高水分原料などを処理する方式である．ある程度の量の原料を密閉し，ある程度の時間をかけ処理するため，一般的な養豚農家にはなじまず，保存技術とされる．

(2)　リキッドフィーディング

飼料と水を混合し，液状飼料として，パイプライン給餌する方式である．その形式は，小規模養豚農家において蒸気などを利用して蒸煮処理し，パイプライン・バルブを手で操作し給餌するという簡易なものから，飼料化工場において各所から集められたものを発酵処理まで加えて集中処理し，大規模養豚場にタンクローリーで運び，コンピュータ制御で給餌がなされるものまで存在する．リキッドフィーディングでは，乾燥法に比べて処理経費が少なくてすみ，嗜好性がよく，粉塵が少ないなどの長所がある．一方で養豚農家に施設の負担をかけること，保存や輸送に問題があること，臭いが発生しやすいことなどが欠点となっている．

5.3.4　エコフィードと豚肉の品質

かつて残飯養豚で問題となった肉質低下は，①軟脂の発生，②黄豚や風味の悪い豚肉の発生，③厚脂や薄脂などの発生であった．これらはある栄養成分の過不足や変化などによって起こるものである．

現在ではエコフィードによる豚肉の高品質化に成功しており，その技術はエコフィード利用が広まるブレークスルーとなった．これは筆者らによるありあまっていたパン類などのデンプン質飼料多給技術や低価格飼料による長期肥育技術の開発などによって生み出されたものであり，脂肪交雑の入った豚肉など，全国各地に各種銘柄豚を生み出すこととなった．これらの詳細に関しては本書8.3節および参考文献を参考にされたい．

なお，エコフィード設計プログラム（豚用）が社団法人 配合飼料供給安定機構よりCD付きで配布されており，養豚の実務家やコンサルタントには有用である．

〔入江正和〕

参 考 文 献

エコフィード認証制度協議会（社団法人 中央畜産会）・社団法人 日本科学飼料協会・独立行政法人 農林水産消費安全技術センター（2010）：エコフィード認証制度実施の手引き，社団法人 中央畜産会．

入江正和（2009）：【総説】エコフィードの製造・利用技術と展望．暖畜会報，**52**：1-9.

入江正和（2009）：エコフィードの現状と可能性について．日草九州支部報，**2**：4-8.

入江正和（2007）：エコフィード給与と豚肉の品質．食肉の科学，**48**：175-186.

入江正和（2008）：エコフィード給与による畜産物の差別化・ブランド化．畜産技術：**641**：2-7.

入江正和（2007）：食品残さ給与豚の肉質と高品質化．畜産の研究，**61**：124-128.
農林水産省（2006）：食品残さ等利用飼料における安全性確保のためのガイドライン，農林水産省.
社団法人 中央畜産会（2011）：エコフィード利用畜産物認証制度実施要綱.
全国食品残さ飼料化行動会議・社団法人 配合飼料供給安定機構（2009）：食品残さの飼料化（エコフィード）をめざして―飼料化マニュアル（平成21年度），社団法人 配合飼料供給安定機構.

6. ブタの繁殖

6.1 性成熟（春機発動）

育成豚が発育し，性現象が発現（発情徴候の発現，精細管内に精子出現）し始める時期を春機発動期というが，その初期では雌の発情周期はいまだ不安定で，雄では射精をしない．また生殖器の形態と機能も，成熟動物と同等の役割を果たしうる状態には達していない．雌雄ともに生殖器が発達し，雄では成熟精子を有した射精能が備わり，雌では発情周期の規則的反復と妊娠を円滑に進行させうる状態に至って初めて，性成熟に達したとみなされる．

性成熟の時期は精巣の形態や血中ホルモン分泌状況から判断でき，雄豚では6～8ヶ月齢，雌豚では170～225日齢であることが知られている．

雄豚は，生後約125日齢で春機発動期に達し，すでに精巣で精子は観察されるが，受精の能力（受精能）を獲得するにはさらに時間が必要である．最初の射精は5～8ヶ月齢に認められる．また，精子数と精液量は18ヶ月齢まで増加し，雄性ホルモンであるテストステロンは副生殖腺の分泌機能を維持する．なお，ブタの精子形成周期（精祖細胞から成熟精子までの期間）は約34.4日であり，精子が精巣上体を通過するのには約10.2日を要する．また精巣上体に精子が存在する期間は，精子の成熟と受精能獲得に必要である．

雌豚の性成熟は，雄豚房に雌を入れて接触させる方法が最も有効であり，無接触の場合の性成熟日齢（245日齢）と比較して，接触区は205日齢との報告も認められる．また，秋生まれの雌豚（197日齢）は，春生まれの雌豚（209日齢）より春機発動日齢が早く，体重は少ない．さらに品種差については，ハンプシャー192.7日齢，大ヨークシャー207.1日齢，デュロック221.1日齢，ランドレース×大ヨークシャー176.0日齢と，純粋種に比較して一代雑種の方が性成熟日齢が早いことが知られている．なお，春機発動に到達する年齢は，栄養水準，生活環境（単飼，群飼等），体重，季節，疾病および飼養管理により影響を受ける．

6.2 発情徴候と発情周期

一般に発情徴候として認識されるのは，行動の変化（食欲，落ち着き，乗駕行動や不動反応など）や外陰部反応（腫脹，発赤，粘液漏出等）であるが，これ以外に深部腟内電気抵抗（vaginal electrical resistance：VER）値も明瞭な変動を示すことが知られている．なお，外貌からは認められない発情所見では，卵巣や子宮頸の変化が最も顕著である．

発情周期とは，発情（雄許容）の開始日から次の発情の開始日までの期間を指し，その長さは平均 21 日（範囲：おおむね 19～23 日）であり，発情期間（発情開始から発情終了までの期間）は平均約 2 日とされている．

ブタの発情持続時間は比較的大きな変動が認められ，平均 40～60 時間である．春機発動期の発情持続時間は平均 47 時間であるが，成熟豚では平均 56 時間と長くなり，未経産豚は経産豚より通常短いことが知られている．さらに，発情持続時間は品種，季節（夏では長く，冬では短い）および内分泌異常などにより影響される．

ブタの排卵時期は若干変動が大きく，発情開始後 36～50 時間経過した頃に始まることが知られている．また野口ほか（2010）は，平均 42.0 時間（30～60 時間）であることを認めている．さらに岩村ほか（1987，私信）は，発情持続時間が平均 75.5 時間（約 3 日）であった場合の排卵時期は，発情開始から 49.5 時間後であり，通常の約 2 日発情の場合（34.0 時間）と比較して半日以上遅くなることを示唆している．これらのことからブタの排卵は，発情期間の中で，発情開始から 2/3 ないし 3/4 の時間が経過した時点で開始されると思われる．また，成熟卵胞すべてが排卵するために要する時間は，2～6 時間である．

排卵数（率）は品種，近親交配の程度，交配時の年齢および体重と関連がある．近交系では，最初の発情期から 2 回目の発情期までに排卵数は平均 0.8 個増加し，さらに 3 回目まで増加（平均 1.1 個）するが，4 回目以降ではほとんど増加しないことが知られている．また，近交系では排卵数が少ないが，近交系間の交雑種では，たとえば親の近交係数10％につき，交雑種のブタの排卵数は0.55個増加する傾向にある．

6.3　発情周期と内分泌環境

発情周期の直接的主体は卵巣にあり，その背景である内分泌環境を司るのが，性腺軸といわれる間脳・視床下部–下垂体–生殖腺の連携機構である．

発情周期を明確に判断するためには卵巣の形態的追跡が重要であり，卵巣の機能を推定する方法には，ウシやウマと同様，技術に熟練が要求されるが，直腸検査法による卵巣触診がきわめて有効である（図6.1）．なお，最近では超音波画像診断法も発達してきたことから，今後はより客観的な診断も可能となるであろう．

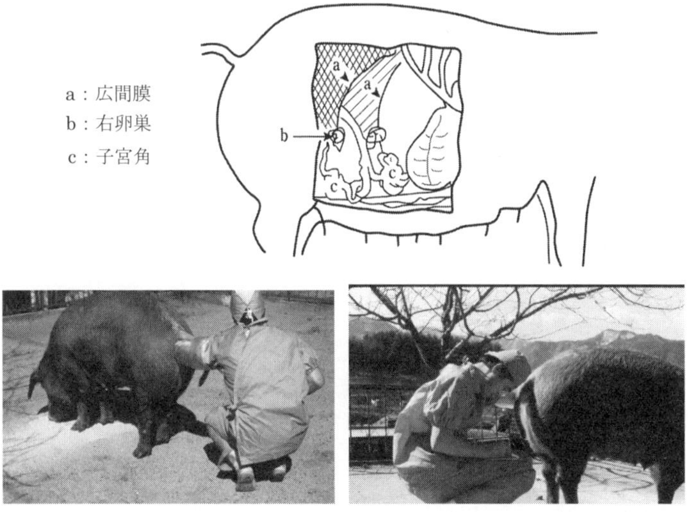

図6.1　ブタの腹腔内生殖器の位置関係と直腸検査実施状況（Meredith, 1977）

正常な発情周期を営む経産豚の卵巣所見と発情徴候は，明確に連動している．また，卵胞発育・排卵・黄体形成・黄体退行の変化に連動し，血中の内分泌環境も密接な関係にある（図6.2）．

ブタの卵巣には，黄体期と卵胞初期において，1個体あたり約50個の小型の卵胞（直径2～5 mm）が存在する．発情前期と発情期には，約10～20個の卵

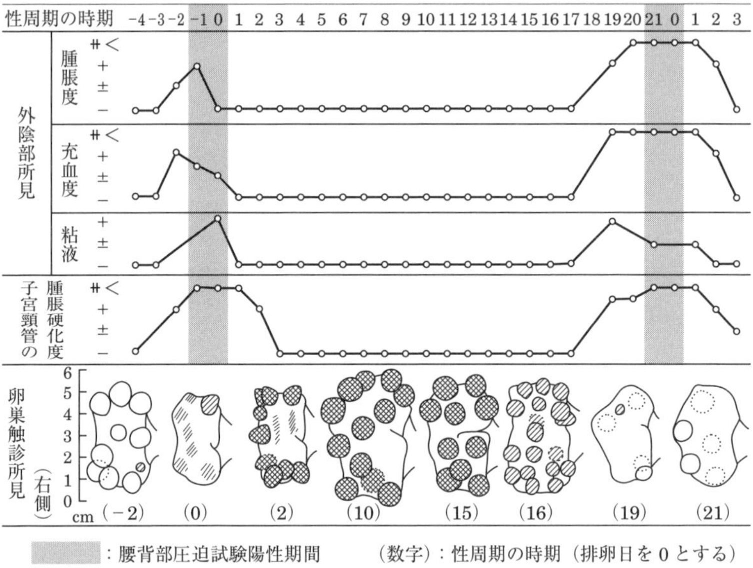

図 6.2 正常発情周期における経産豚の外部および内部発情所見の変化（伊東，1980）

胞が発育して成熟卵胞（8～12 mm）に達するが，小型（5 mm 以下）の卵胞数は減少する．発情開始日を基準（0 日）とした場合，5～16 日目までの黄体期において，直径 2～5 mm の卵胞数は増加し，18 日目以降（発情前期）では，おもに排卵直前の卵胞（8 mm 以上）が増加する．

排卵直後には顆粒層細胞と卵胞膜細胞が急激に増殖し，黄体が形成される．黄体ははじめ，中心の腔に血液が充満しているので赤体と呼ばれるが，6～8 日以内に全体の直径が 8～15 mm の黄体細胞で構成された弾力性に富んだ細胞塊となる．黄体化は基本的には 4 日で完了し，6～8 日目に最大に達し，16 日目まで細胞の構造と分泌機能を維持している．その後急激に退行し，分泌機能を有しない白体となる．

発情周期を形成する内分泌環境は，卵巣の卵胞から分泌されるエストロジェン（estrogen），黄体から分泌されるプロジェステロン（progesterone），下垂体から分泌されて卵胞の成熟と排卵に強く関与する黄体形成ホルモン（luteinizing hormone：LH），および子宮内膜から分泌されるプロスタグランジン $F_{2\alpha}$（prostaglandin $F_{2\alpha}$：$PGF_{2\alpha}$）が重要なかかわりをもっている．

末梢血中プロジェステロン濃度は，発情開始直前には低値を示しているが，排卵時にはすでに上昇し始め，その後黄体の発育とともに急激に増加し，発情開始後 8～12 日でピークに達する．また，黄体が退行し始める 13～15 日には急激に減少し始め，18 日日頃までに再び低値に移行する．この発情周期の血中プロジェステロンの消長は，黄体の形態的変化とよく一致している（図 6.3～6.5）．

血中エストロジェン濃度は，黄体の退行開始と新たな卵胞発育に連動して上昇し始める．エストロジェンの発情周期における一過性の増減現象が，発情開始 1～2 日前に認められる．発情開始直前にエストロジェン濃度は急減し，黄体期では比較的低値で推移している．

黄体期の下垂体は LH を合成しているもののほとんど分泌していないこと，また下垂体の卵胞刺激ホルモン（follicle stimulating hormone：FSH）濃度が増加することにより，卵胞は発育する．発情前期と発情期に下垂体における FSH と LH 濃度は最高となり，黄体初期に再び低くなる．卵胞が成熟し始めると血中エストロジェン濃度が急激に増加し，発情徴候も明瞭となる．このエストロジェン濃度の上昇が発情開始前後期に一過性の鋭いピーク（LH サージ）を

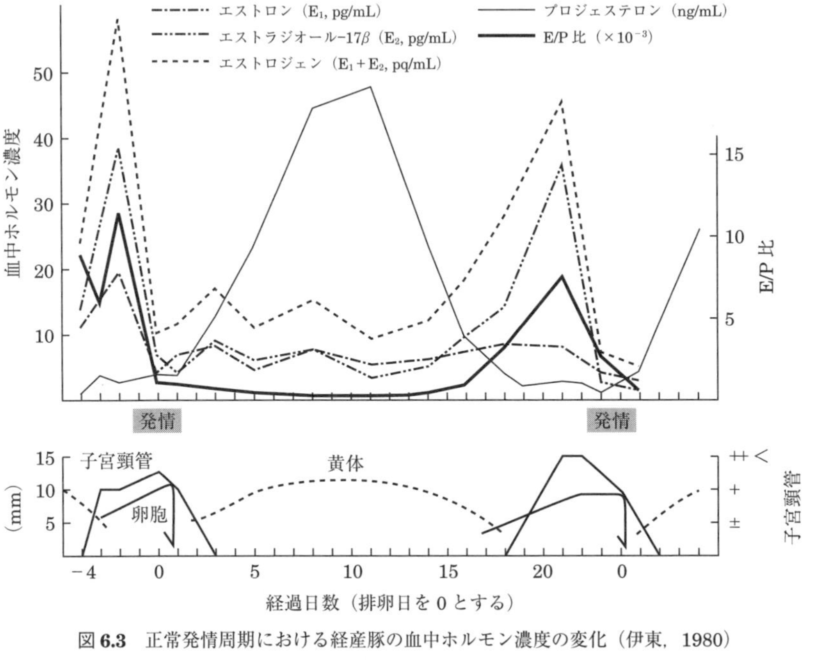

図 6.3　正常発情周期における経産豚の血中ホルモン濃度の変化（伊東，1980）

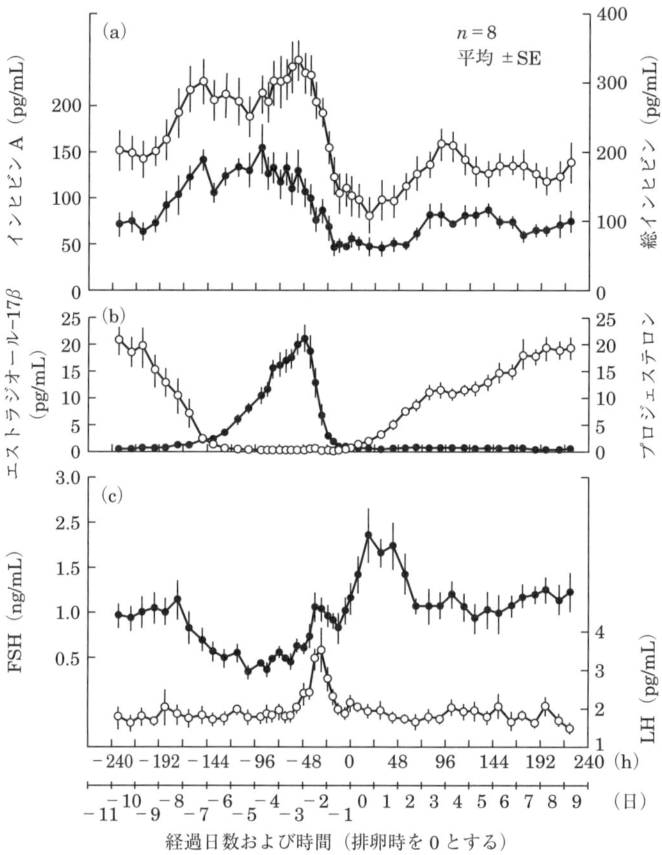

図 6.4 正常発情周期における,(a) インヒビンA(●)および総インヒビン(○),(b) エストラジオール-17β(●)およびプロジェステロン(○),ならびに (c) FSH(●)およびLH(○)の末梢血中濃度の変化(野口ほか,2010)

惹起させる.これはフォールベーグ(Hohlweg)効果と呼ばれ,ポジティブ・フィードバック(positive feed back)の一例である.この時期のLHが卵胞の成熟と排卵,および黄体形成という一連の現象に大きく関与し,他の時期は低濃度で推移する.また,発情周期の黄体期または妊娠期は血中プロジェステロン濃度が高いが,これにより,視床下部–下垂体にネガティブ・フィードバック(negative feedback)効果が発現し,卵胞の発育が制御されるため,発情の回帰が抑制される.

このように,視床下部–下垂体–卵巣(子宮)系においては,各々のホルモン

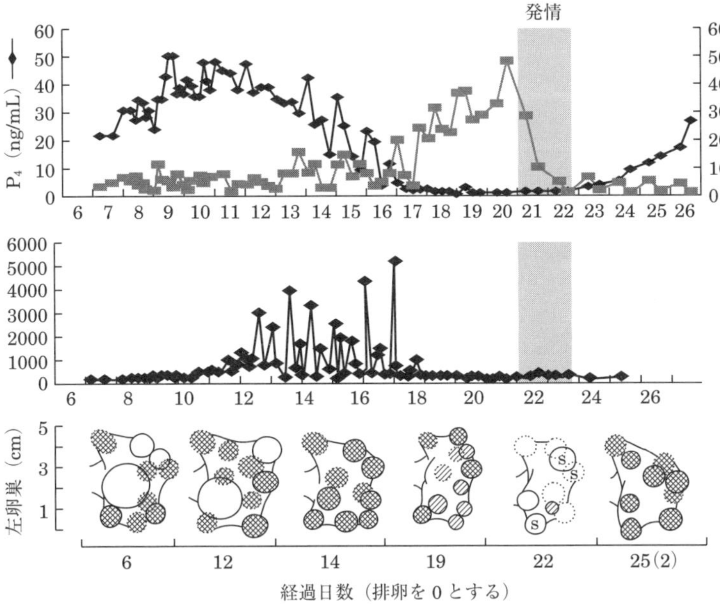

図 **6.5**　正常発情周期におけるホルモン動態と卵巣の変化（西山ほか，2011）

がフィードバック機構により相互に複雑に関与している．

発情周期の12日目頃になると血中PGF濃度が突然上昇し始め，その後ピークを形成するとともに，黄体の退行が始まる．なお，発情周期の10〜14日の子宮還流液中では，PGFとPGE_2濃度が増加する．

西山ほか（2011）は，正常な発情周期において卵巣の変動と内分泌動態から，血中$PGF_{2\alpha}$濃度は，発情周期の12日目頃から突然パルス様で高濃度の分泌が開始され，17日目頃に終息することと，機能黄体は，$PGF_{2\alpha}$の律動的分泌が開始されてから急速に萎縮退行が始まり，新たな卵胞も発育し始めることを認めている．

卵巣から分泌される上記以外のホルモンとして，以下の3種類が確認されている．1つはインヒビン（inhibin）であり，卵胞の顆粒層細胞で生産され，その分泌によって下垂体からのFSH分泌を抑制する．またインヒビンは，卵胞の発育初期には分泌量が少ないが，卵胞が成熟してくると分泌量が亢進し，下垂体からのFSH分泌を抑制する．また排卵によりインヒビン生産母池が消失するため，血中インヒビン濃度が急激に低化し，それまで抑制されていた下垂体からのFSHの大量分泌が発生する.

2つ目のホルモンは，ブタの卵胞液中に見いだされたアクチビン（activin）である．インヒビンとは逆の作用が認められており，下垂体前葉に働いてFSHの分泌を促進することが認められている．またアクチビンは，卵胞内で局所的に作用して，パラクリンまたはオートクリン作用によって顆粒層細胞のFSH受容体の出現を誘導し，増加させることが明らかになっている．

3つ目のホルモンは，黄体から分泌されるオキシトシン（oxytocin）である．従来オキシトシンは，下垂体後葉から分泌される神経ホルモンであると認識されていたが，現在では黄体も分泌母池であることが明らかにされており，したがって，その分泌母池は卵巣と下垂体であることが確認されている．

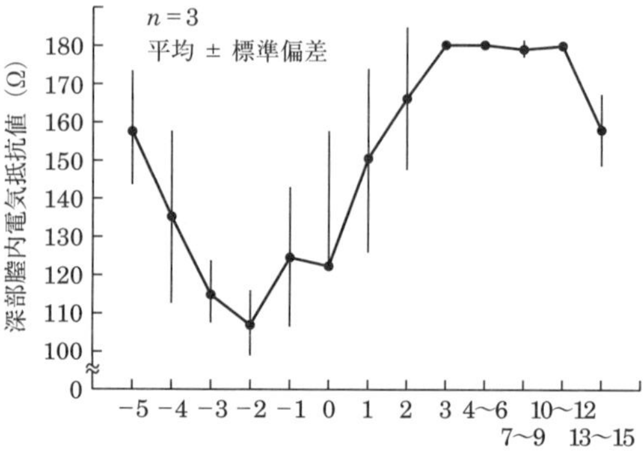

図6.6 妊娠期および泌乳初期における母豚のVER動態（伊東，2005）
値はAIテスターを用いて測定.

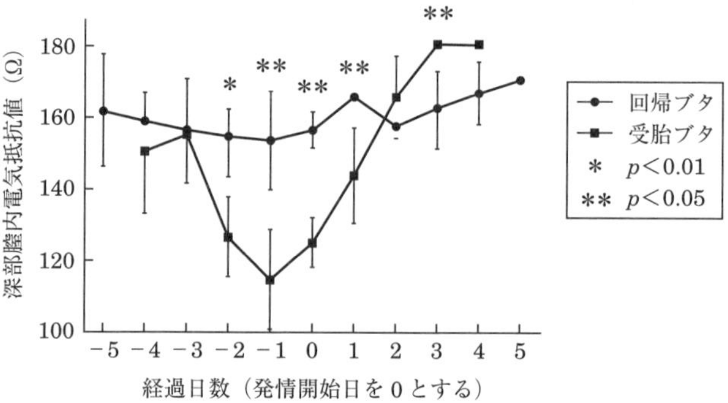

図6.7 発情回帰と妊娠豚のVER動態比較（伊東，2005）
値はAIテスターを用いて測定.

また最近では，視床下部上位で分泌されるキスペプチン（kisspeptin）の存在が確認されている．

内分泌動態に連動し，VER 値も明瞭な変動を呈している．すなわち，血中プロジェステロン濃度の動態と類似しており，黄体の退行と卵胞の発育が開始されると VER は急減し，発情開始の 1～2 日前に最低値を示したのち，排卵期から VER は急増する傾向であり，黄体期には高値で推移する（図 6.6，6.7）．

6.4 受精と人工授精

自然交配または人工授精によって精液が雌の生殖器内に注入されると，精子は子宮頸管から子宮体部および子宮角を経由し，卵管膨大部まで移行する．一方，排卵された卵子は卵管采から卵管内に入り，卵管膨大部または膨大部狭部接合部で精子と出会い，受精が行われる．受精卵の名称は胚と変わり，しばらくその部位に滞留した後に狭部に下降し，子宮内を浮遊しながら移動する．この際，子宮体を経由して排卵側とは反対の子宮内へも移行する現象がみられるが，これは胚の子宮内移行（migration）と呼ばれ，多胎動物特有の現象である．

交配は受胎の可能性が高い時期に行う必要があり，その交配適期を決定する要因としては，①排卵の時期と卵子の受精能力保有時間，②雌生殖器内における精子の上走速度，③雌生殖器内における精子の受精能獲得に要する時間，④精子の受精能の保有時間，の 4 つがある．

Polge（1974）は，受胎率と産子数を総合的にとらえた場合，発情開始後約 23～35 時間の間に授精すると，受胎率が比較的良好で良好な産子数が期待できることを示唆している．しかし生産現場では，発情開始時刻を正確に特定することは勤務体制上難しいため，MLC Semen Delivery Service では，最も良い受胎率が得られるのは発情開始後 28 時間前後であると想定し，1 回目の授精は発情開始後 12～28 時間の間に実施し，2 回目は 28～36 時間の間において実施することを奨励している．また伊東（1999）は，発情開始後の排卵時期と受胎性との関係から，基本的には発情開始時点から 24 時間以内は排卵しないことから，24 時間以降の授精を推奨している．

ブタの人工授精技術は，精液処理法と注入器具などが顕著に改善されており，液状精液でも 5〜20℃で 5〜14 日ほど保存利用が可能となっている．また，液状精液での繁殖成績は，既に自然交配と同等の成果が得られるようになっており，凍結保存技術も液状精液の技術と遜色ないレベルに近づいている．

6.5 妊娠と分娩

胚の子宮内移行の時期（交配後 8〜12 日）には，胚から微量なエストロジェンが分泌されることで最初の妊娠認識が母体との間であり，さらに交配後 20〜30 日には初回よりは高い濃度でエストロジェンが胚から分泌され，第 2 回目の妊娠認識が交わされることで妊娠が成立する．

妊娠の成立により，卵巣の発情周期黄体は妊娠黄体と名称を変えて存続し，プロジェステロンを分泌する．これにより，新規発情の回帰が抑制され，妊娠が維持される．ブタでは妊娠の維持に黄体が必要であり，その大きさは，排卵後約 7 日で最大となった後，妊娠末期まで存続する．血中プロジェステロン濃度は，妊娠 15〜20 日齢までは通常の発情周期と同様に多くは 25〜40 ng/mL の濃度に達するが，その後は少し低下し，若干の変動と個体差はあるものの，分娩前 10 日頃までは 15〜25 ng/mL の濃度を維持する．

妊娠認識に深くかかわったエストロジェンは，妊娠が成立した後は顕著な変動はないが，妊娠 80 日齢頃から再び徐々に増加を開始し，分娩の直前には最高値に達する（図 6.8）．この血中エストロジェン濃度の上昇により，妊娠後期には，乳腺や外陰部の発達・腫脹が明瞭に発現する．

妊娠中の黄体・子宮・胎盤から分泌されるリラキシン（relaxin）は，子宮内における胎子の居住性を高め，妊娠の成立・進行を確実にし，分娩期には頸管の拡張と骨盤靭帯の弛緩を招来し，分娩を助けるものと考えられている．リラキシンの主要分泌源は動物種によって異なり，ブタでは卵巣（黄体）においてその大部分が生産・分泌される．血中リラキシンは，発情周期においては低濃度で推移し，妊娠 30 日齢頃から徐々に増加を開始する．しかし，その濃度は 0.4〜4.0 ng/mL と低値で推移し，実際には，妊娠 90 日齢以降になってから急速に増加し始める．

発情周期において重要な役割を担っていた FSH と LH の濃度については，妊娠期間中の大きな変化は認められない．

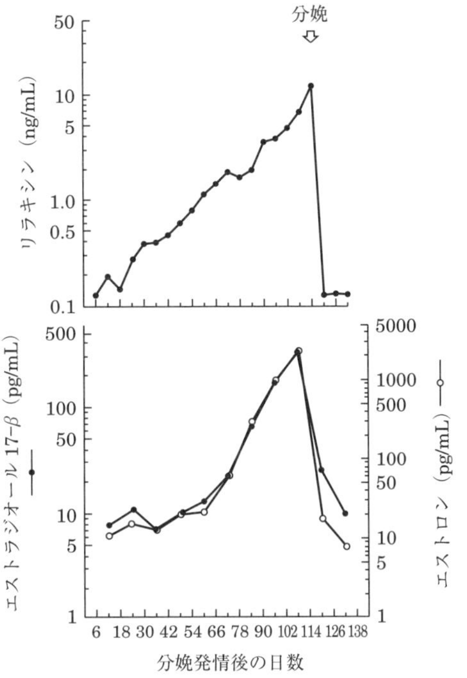

図 6.8　妊娠期および泌乳初期における母豚の末梢血中ホルモン動態（吉田ほか監訳，1976）

6.6　分　　娩　　期

排卵された卵子が受精して，胎子が娩出されるまでを妊娠期間という．最終交配日（発情最終日：排卵日）を 0 日として起算することが正式であり，基本的に平均 115 日間がブタの妊娠期間である．産子数には品種差が認められ，一般的な大型種またはその交雑種であれば，総産子数は 12 頭前後である．また，分娩時間は 2～3 時間であり，娩出子豚の分娩間隔は 10～30 分程度である．

分娩直前の母豚は，胎子娩出と新生子豚に対する泌乳の準備体勢を整える．すなわち，胎子娩出のために骨盤の縫合と靭帯が，おもにリラキシンの作用によりゆるむとともに，妊娠全期での高いプロジェステロン濃度と妊娠後期のエストロジェンの増加，さらに成長ホルモンや副腎皮質ホルモンの作用により，乳管および乳腺胞が発育し，さらに分娩直前にはプロラクチン（prolactin）濃度が急増し，乳汁分泌の準備が整えられる．

分娩の開始は，直接的には子宮の収縮と子宮頸管の開張によるが，その機構についてはいまだ明確ではない．しかし，自然分娩においては，分娩開始の引き金は胎子によって引かれ，内分泌と神経および機械的因子の複雑な相互作用により遂行されるといわれている．

すなわち，胎子の視床下部–下垂体–副腎系の活性化により，豚胎子血中のコルチゾール濃度は分娩開始の5日程前から上昇し始め，分娩時には短時間で通常濃度の3～5倍に到達する．これが胎盤を刺激してエストロジェンの分泌が増量する．この分泌されたエストロジェンは，子宮の運動性を増し，オキシトシンに対する感受性を高める作用を有するとともに，胎盤膜と子宮筋層における $PGF_{2\alpha}$ の合成を刺激する．さらに，$PGF_{2\alpha}$ の濃度上昇はオキシトシンの閾値を低下させるため，結果として子宮筋層の収縮性が高まる．

プロジェステロン分泌母池が黄体依存の動物種（ブタ，ウシなど）では，$PGF_{2\alpha}$ の濃度上昇は，妊娠黄体の急速な退行と血中プロジェステロン濃度低下に連動し，分娩開始の1～2日前以内に低下し始める．

$PGF_{2\alpha}$ は，妊娠維持が黄体依存性であるか胎盤依存性であるかにかかわらず，すべての動物種で分娩時期を決定する一連の事象の構成要素として作用する．また，$PGF_{2\alpha}$ の主要生産部位は子宮内膜と考えられている．なおブタでは，$PGF_{2\alpha}$ とオキシトシンは，分娩期に急激に高濃度となる．

オキシトシンは，下垂体後葉と黄体から分泌されるホルモンであり，そのレセプターは子宮筋と乳腺の筋上皮細胞に存在する．妊娠豚の血中オキシトシン濃度は，妊娠後期においてもきわめて低値であるが，胎子の娩出時および胎盤排出時には急激に上昇して高値を示す．この分娩時のオキシトシンの分泌に際しては，分娩直前のエストロジェンの増加と血中プロジェステロン濃度が10 ng/mL以下になることでオキシトシン分泌に対する感受性が高まっていることが重要であり，さらに，この状態で生殖器道に対する胎子の物理的刺激が加わることで神経内分泌反射が起こり，オキシトシンが分泌される．

最近では，飼養管理の効率化や分娩時期を平日の日中に誘発させることを目的として，$PGF_{2\alpha}$ 製剤またはその誘導体を利用した分娩誘起技術が，一般養豚場で利用されている．この場合には，$PGF_{2\alpha}$ 投与が引き金となって黄体の退行と血中プロジェステロンの急激な減少が発現し，その後に分娩が開始される（伊

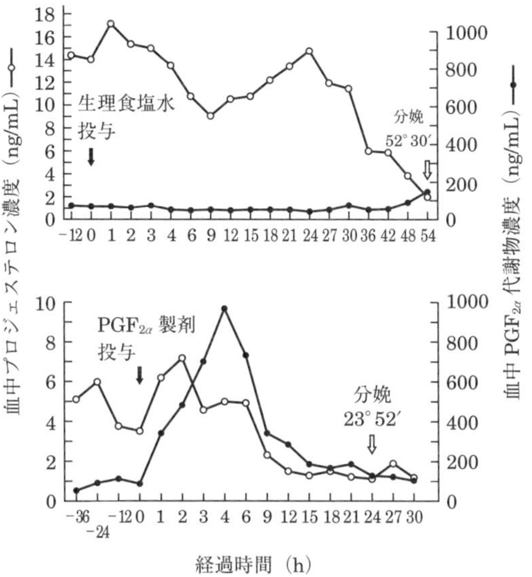

図 **6.9**　自然分娩と誘起分娩時の血中 P_4，PGFM 濃度の動態（伊東ほか，1994）

東，1994；図 6.9）．

血中リラキシン濃度は，妊娠 90 日齢以降で増加するが，特に分娩の 3〜2 日前に急激に増加してピークを形成し，分娩直前には急激に低下する（図 6.8）．リラキシンは，ブタの黄体細胞で妊娠中に生産および蓄積されるが，黄体の細胞質顆粒と黄体内におけるリラキシンの活性は，妊娠初期でいったん高まったのち低下する．

血中のプロラクチンは，妊娠初期から分娩前 2 日前まではきわめて低い濃度で経過するが，分娩開始の 2 日から 1 日前にかけて約 5〜20 倍以上もの濃度水準に上昇し，分娩中はさらに高い濃度を維持する．

6.7　泌　　乳

乳腺は，哺乳類だけが有する独特の腺組織であり，乳腺がまとまって乳房を形成し，乳房には乳頭が付属する．乳腺構造はウシにおいて比較的よく理解されているが，ブタのその構造はウシとは異なる．特に乳頭の構造は，ブタではヒトの場合とほぼ同じであり，無数の乳腺小葉と 2〜3 の乳管で構成され，乳汁の出口は乳孔となっており，真乳頭と呼ばれている．一方，ウシの場合は，

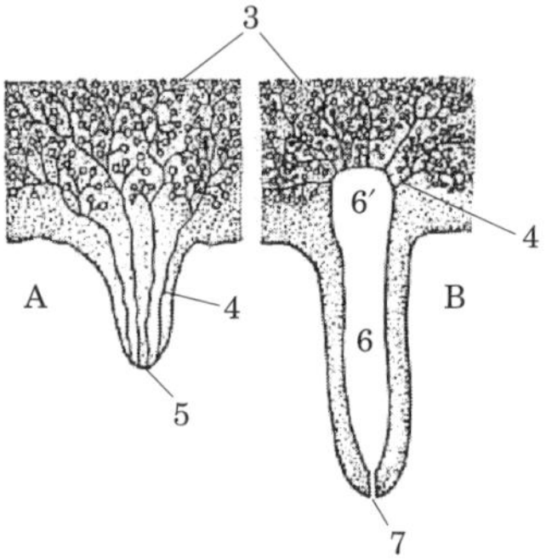

図 **6.10** 真乳頭と仮乳頭の解剖学的比較（加藤，1972）
A：真乳頭，B：仮乳頭，3：乳腺，4：乳管，5：乳孔，
6：乳管洞の乳頭部，6′：乳管洞の乳腺部，7：乳頭管．

乳腺とそれに連続した乳管の先端には乳管洞（乳腺部と乳頭部）が存在し，外観上の乳頭は乳管洞のみで構成され，その先端に口径の大きな乳頭管が存在することから仮乳頭と呼ばれ，ブタのそれとは構造を異にしている（図 6.10）．

乳腺の発達には各種のホルモンが関与しており，特に乳管が発育するためにはエストロジェン，副腎皮質ホルモン，成長ホルモンが強く関与し，これにプロジェステロンとプロラクチンが関与することで乳腺胞の発育が促される．

泌乳は，乳汁分泌（milk secretion）と乳汁移動（milk removal）の 2 つの相から構成される．乳汁分泌は乳腺細胞による乳汁の合成と腺胞腔への放出の過程であり，乳汁移動は腺胞腔にたまった乳汁が乳腺胞および細乳管周囲の筋上皮細胞の収縮により乳管に押し出される乳汁排出過程と，乳管内の乳汁が重力，外部の圧力，乳腺管内陰圧などにより乳管洞あるいは乳槽まで移動，さらに体外に至る受動的流下過程に分けられる．筋上皮細胞の収縮はおもにオキシトシンの作用によるが，血中キニンなどの因子も関与する．吸乳あるいは搾乳時に乳頭に加えられた刺激は，脊髄を上行して視床下部に達し，下垂体後葉からのオキシトシン放出を起こすことにより，乳汁排出を促す．

百瀬ほか（1998）は，1～3 産次のランドレース×大ヨークシャー（LW）母豚を用いて 4 週間授乳期間中の吸乳行動を解析し，泌乳開始初期の平均哺乳回数は 1 日平均 30 回で，分娩後の日数経過とともに直線的に減少するとしている．また平均哺乳間隔は約 50 分で，哺乳間隔とは逆に直線的に増加することを認めている（図 6.11）．

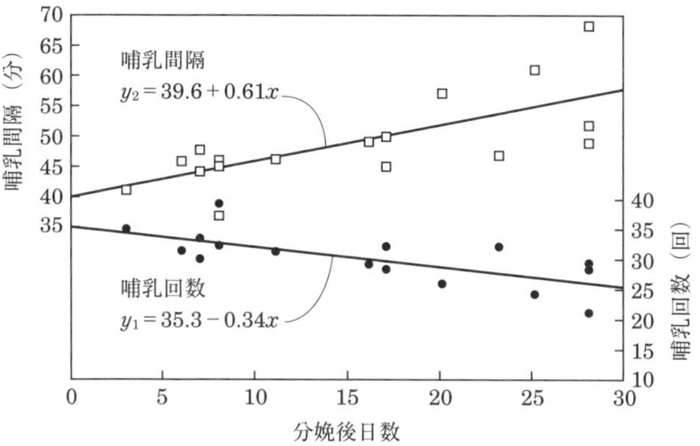

図 **6.11**　分娩後母豚の経日的哺乳回数と哺乳間隔の変化（百瀬ほか，1998）

授乳期における下垂体の FSH 含量は泌乳初期と後期で多いが，血中 FSH 濃度は授乳後期に若干高くなる傾向が認められるものの，全般的には低値で推移する．また, 血中 LH 濃度は授乳全期を通じて若干律動的な変動傾向を示すが, FSH と同様，全般的には低値で経過する．

血中プロラクチンは，分娩時にきわめて高い濃度に到達するが，泌乳開始から 5 日後には最高時の数分の 1 に減少する．なおプロラクチン濃度は，子豚の吸乳刺激に反応して上昇する．

授乳期中のオキシトシン分泌の様相は, 授乳前期（14 日齢まで）と授乳後期（15 日齢以降）で若干異なることが認められている．すなわち，授乳前期では子豚が吸乳していないまたは静かに吸乳しているときには血中オキシトシン濃度は低値であるが，子豚が鼻で活発に乳腺を刺激している場合には，きわめて高い濃度の分泌が認められる．しかし授乳後期では，乳頭を刺激している場合であっても急激な分泌増加は認められず，授乳前期と比べて，オキシトシン濃度は全般的に有意に低い．なお，オキシトシンの分泌は，各種ストレッサーに反応して副腎髄質から分泌されるアドレナリンによって抑制される．

分娩直後から短期間の間で分泌される乳を初乳という．広義には分娩後 3 日頃までの乳の総称であり，その後の乳（常乳）とは成分が異なる．初乳を摂取することにより，免疫成分の移行と胎便の排泄が容易になる．なお，ブタの品種による初乳成分の違いはないとされている．

初乳の成分は全固形分，タンパク質（特に免疫グロブリン），カルシウム，リン，マグネシウムなどの無機質濃度が常乳に比べて顕著に高い特性を有する．しかし,吸乳する新生子の腸管における免疫グロブリンの吸収能力は生後24時間以内に閉じられることから，出生後早期に摂取することが重要である．

ブタ初乳の一般的な成分は水分71%，タンパク質19〜20%，脂肪5%，乳糖3.5%，無機質0.6%であるのに対し，常乳では水分81%，脂肪6〜7%，乳糖5〜7%，無機質0.8%である．初乳は特にタンパク質（免疫グロブリン）の含量が高いため，粘稠性が高くなる．

初乳の摂取は初期の子豚の生体防御反応に重要な役割を果たす．従来は抗体（免疫グロブリン）による液性免疫がそれを担うと考えられてきたが,最近ではリンパ球，マクロファージ，好中球などによる細胞性免疫の複雑な関与の存在も注目されている．

池谷ほか（2013）は，初乳のpHは分娩時には6.0前後の酸性を示しているが翌日には有意に高まり,常乳である4日目にはpH6.8程度の弱酸性となることを認めている．また，分娩日の初乳中に存在する体細胞の構成割合は好中球が約46%，小単核球が約44%を占めているが，分娩の翌日以降は小単核球が20〜30%と有意な減少を示し，好中球は約60%に増加することを認めている．

6.7 泌乳期の管理と生産性

従来から養豚農場では，生産性を高めるために授乳期間を短くする選択が広く実施されており，3週間程度で離乳する場合が多く認められる．しかし最近では，動物福祉の観点もあり，若干その期間が延長傾向にある．

基本的に分娩房では，母豚は分娩ケージ内に飼養され，その脇には子豚が保温箱やヒーターマットまたは保温灯・ガスブルーダーなどにより保温体制が十分な環境で飼育されている．これにより，温度を中心とした適正環境が異なる母豚と子豚が，お互いに生産性を低下させることなく一緒に過ごすことが可能となっている．

胎子が娩出されると，著しい変動を示した血中プロジェステロン，エストロジェンおよびリラキシンの各濃度は減少し，授乳初期は低値で経過する．分娩後3〜4日以内に発情様行動を示す母豚が認められるとの報告もあるが，この場合は排卵を伴うものでなく，子宮の回復も不十分であるため，交配しても妊娠することはない．この発情様行動は，分娩直前の胎子胎盤系由来の高エストロジェン環境によってもたらされたものとも考えられているが，定かではない．通常は，この時期の血中エストロジェン濃度はきわめて低値で推移しており，卵巣の発情に向けた活動は基本的には認められない．

一方，原則的には授乳期母豚の卵巣活動は泌乳活動により抑制されているため，母豚が泌乳期中に発情することはほとんどないが，授乳期の後半において卵巣機能が活動を開始し，排卵まで至る母豚の存在も知られるようになっているため，管理者は注意する必要がある．

伊東ほか（1988）は，分娩直後から離乳まで，自然分娩（哺乳子豚数 5～12 頭）の母豚の卵巣と子宮を直腸検査により観察し，妊娠黄体は分娩後 5～7 日で完全に消失することを確認した．また，黄体退行後の授乳期卵巣は，卵巣静止の状態で経過し，新たな卵胞の明瞭な発育所見は認めていない（図 6.12）．

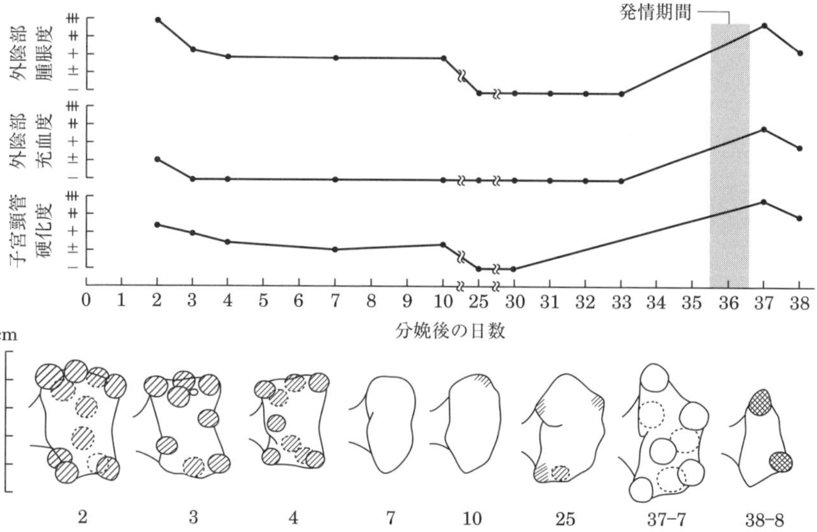

図 **6.12**　自然哺育母豚の分娩後経日的な外部・内部生殖器所見（伊東ほか，1988）

伊東ほか（2001）は，分娩後の子宮重量を指標として子宮の修復性を検討したところ，子宮重量は，分娩後 2 週齢までは急激に減少し，3 週齢で緩やかとなって修復がほぼ完了する傾向にあることを認めている．

一般的にも，ブタにおける分娩後の子宮修復性は，分娩後 3～4 週頃に急激に回復するとされている．

離乳後は，一般に平均 5 日（3〜7 日）で発情が回帰し，排卵が惹起される．

離乳と同時に性中枢の活性化が促され，血中 LH および視床下部の LH 放出ホルモン含量が一時的に増加する．また，血中 FSH および LH の律動的分泌の発生数と振幅の増加が認められ，さらにはプロラクチンの分泌低下が認められる．この状況から，離乳後は急速に卵胞の発育が始まり，血中エストラジオール-17β の濃度が徐々に増加するため，発情徴候が発現してくる．

授乳期間と離乳後の発情回帰性との関連性は，授乳期間が 15 日より短いと離乳後の発情回帰日数にばらつきを来し，さらに産子数も低化することが指摘されている（図 6.13）．このことから，分娩回転数を高める目的で短絡的に授乳期間を短縮することは問題である．

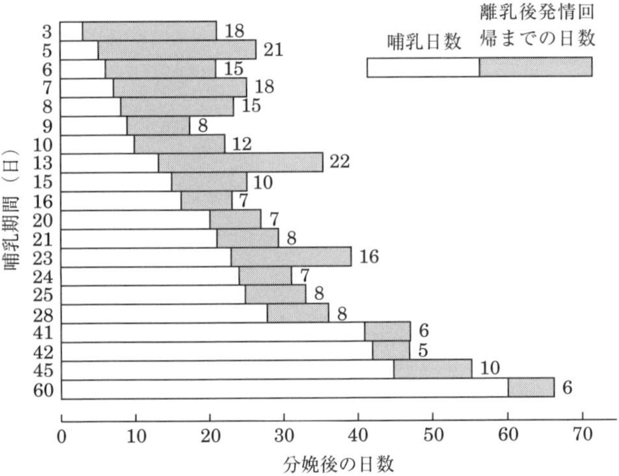

図 **6.13**　哺乳期間と離乳後の発情回帰日数との関係（熊谷，1977）

ブタの衛生環境を改善するために考案された早期離乳・分離飼育法（segragated early weaning：SEW；p.21 参照）は，当初は分娩後 1 週間以内または 2 週間以内に実施されていたが，母豚の離乳後発情回帰性が不良となったことも影響し，現在では分娩後 16〜18 日齢で離乳する技術に改良されている．

参 考 文 献

池谷幸恵ほか（2013）：豚乳汁の生物学的性状と細菌学的検索．第158回日本獣医学会学術集会講演要旨集，p.255.

伊東正吾（1980）：豚の卵巣嚢腫に関する臨床内分泌学的・組織学的研究，修士論文（麻布獣医科大学）.

伊東正吾（1999）：豚の繁殖技術の向上と普及，特に豚の卵巣嚢腫の発生要因解明と豚凍結精液の実用化．*J. Reprod. Dev.*, **45**：j21-j30.

伊東正吾（2005）：種雌豚の深部腟内電気抵抗値を指標とした繁殖機能の判定技術．日本豚病研究会報，**47**：18-22.

伊東正吾ほか（1988）：自然哺育母豚および超早期離乳母豚における分娩後卵巣の形態的変化．豚の繁殖衛生セミナー通信，no.14：13-15.

伊東正吾ほか（1994）：フェンプロスタレンによる豚の分娩誘起．日本畜産学会報，**65**(9)：834-841.

伊東正吾ほか（2001）：超早期離乳母豚における分娩後の卵巣と子宮の修復性．日本畜産学会第99回大会講演要旨，p.62.

熊谷哲夫ほか監修（1977）：豚病学，p.713，近代出版.

Meredith, M.J. *et al.*（1977）：Clinical examination of the ovaries and cervix of the sow. *Vet. Rec.*, **101**：70-74.

百瀬義男ほか（1998）：系統間交雑 F_1（LW）母豚の哺乳行動と推定比乳量．長野畜試研報，**25**：14-18.

西山朱音ほか（2011）：雌豚における黄体退行誘起のための $PGF_{2\alpha}$ 連続投与と臨床内分泌学的所見．第151回日本獣医学会学術集会講演要旨集，p.251.

野口倫子ほか（2010）：Estrus Synchronization with Pseudopregnant Gilts Induced by a Single Treatment of Estradiol Dipropionate. *J. Reprod. Dev.*, **56**(4)：421-427.

野口倫子ほか（2010）：Peripheral concentrations of inhibin A, ovarian steroids, and gonadotropins associated with follicular development throughout the estrous cycle of the sow. *Reproduction*, **139**(1)：153-161.

吉田重雄・正木淳二・入谷　明監訳（1976）：ハーフェツ家畜繁殖学（第5版），p.339，西村書店.

7. ブタの解剖学

7.1 ブタの成長と体構成の変化

ブタの成長はたいへん早い．図 7.1 に大型交雑種におけるブタの月齢と体重の関係を示した．一般的に大型種は中型種よりも体重増加が速く，交雑種は純粋種よりも速い．ただし，性成熟の早さと体型タイプとは別である．

大型種では生時，体重が 1.3 kg 程度であり，同腹の兄弟姉妹でも個体差がある．出生時から哺乳期にかけて子豚は他の動物に比べて体重も小さく，脂肪も少ない．そのため，体温が急速に低下しやすく，保温が必要である．ブタの出生後の発育は他の家畜と比べて早く，1 週間で体重は約 2 倍になる．4 週での離乳時体重は 7～8 kg になる．

離乳期以降の子豚，すなわち育成豚は成長が盛んで，3 ヶ月で体重は 50～60 kg となる．この時期は特に骨や筋肉の発達が著しい (図 7.2)．育成期以降，いわゆる肥育後期になると，体脂肪の生産が筋肉の生産を上回って盛んになる (図 7.3)．また，それらは性や赤肉タイプなどの系統によって異なっている．

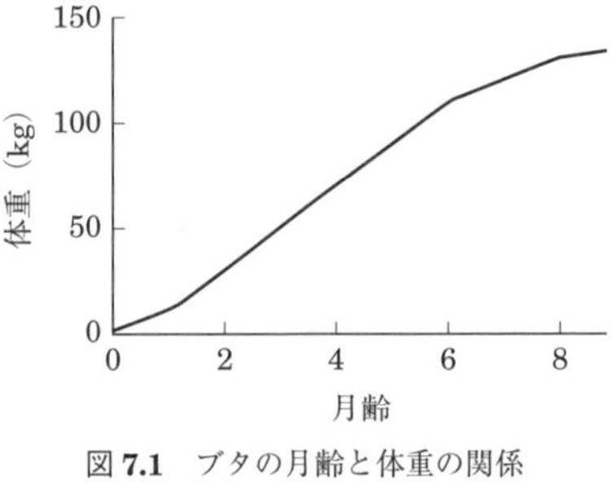

図 **7.1**　ブタの月齢と体重の関係

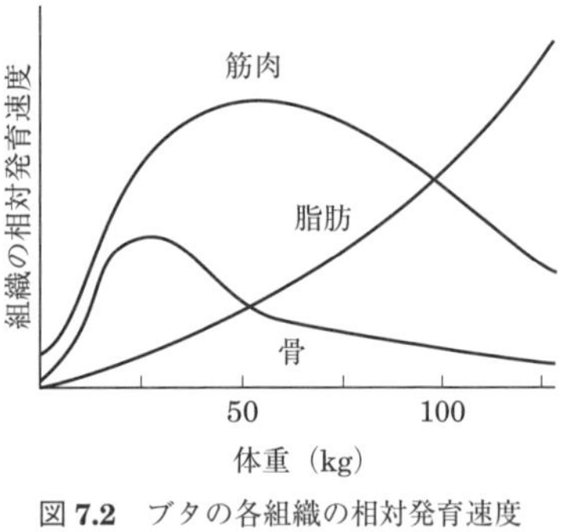

図 **7.2**　ブタの各組織の相対発育速度

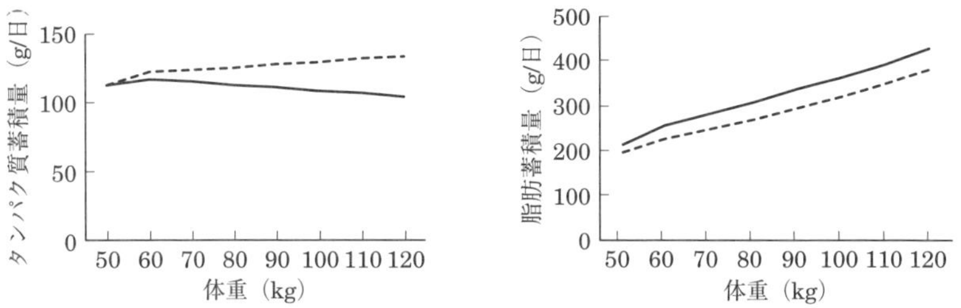

図 **7.3** ブタの発育とタンパク質蓄積量（左），脂肪蓄積量（右）の関係
実線：去勢豚，破線：雌豚．

通常の肉豚（LWD 交雑種）の出荷は生後 6 ヶ月で 105〜120 kg である．この頃までが，体重を直線的に増加させる時期でもある．なお，中型種では出荷までに 8 ヶ月程度を要する．

通常，雌豚において初めての発情が来るのはおおむね 6 ヶ月以降であり，初発情では交配せず，体や生殖器官がもう少し発育するのを待ち，7〜8 ヶ月齢で交配を行う．なお，この頃以降，体重増加の伸びは鈍化する．

繁殖雌豚では 1 歳くらいで出産させるよう交配を計画し，その後，年 2 回の分娩をさせるようにする．妊娠〜分娩〜泌乳による体重の変化は大きいが，体の成長は初産後も続き，3 歳程度までは徐々にではあるが大きさを増す．なお，成豚では脂肪が多くなり，逆に暑さに弱くなる．

参考までに図 7.4 に出生直後から成豚までのブタの写真を示す．

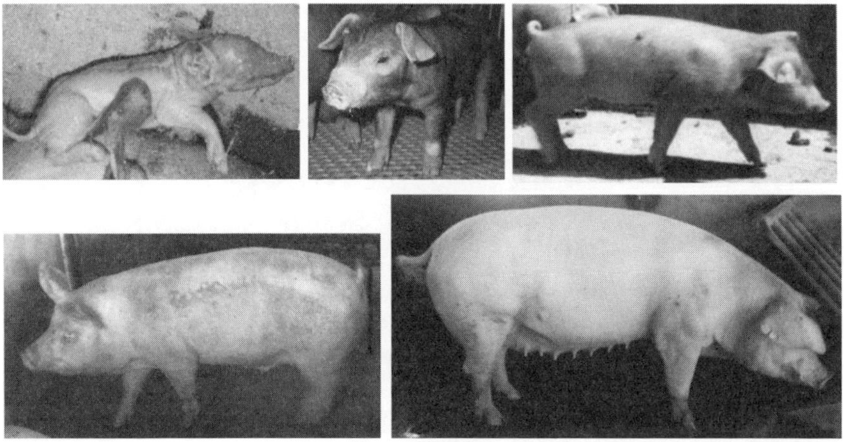

図 **7.4** 出生から成豚までの変化
上左：出生直後，上中：哺乳子豚，上右：育成豚，下左：出荷が近い肉豚，下左：成豚．

7.2 ブタの一般的体構成

7.2.1 外貌の特徴

ブタは肉用家畜として発達してきたため，現代における大型の改良種では中躯，後躯がよく発達し，肉量が多く採れるようになっている．なお，生体各部における呼び方は図 7.5 のとおりである．

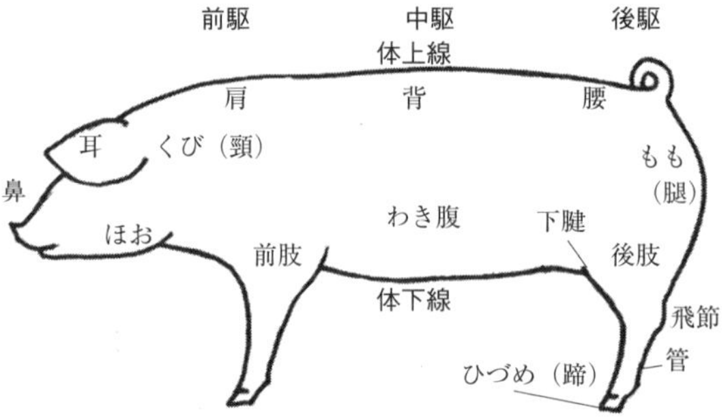

図 7.5 ブタ生体における各部の名称

口は噛む力が強く，歯は乳歯が 28 本，永久歯が 44 本生えている．臼歯は草食獣に，犬歯は肉食獣に似て，雑食性の特徴を備えている．犬歯の一部は切歯しないと成長するに従って伸び，口腔外に突き出る．

眼はヒトに比べると視野角は広いが，視力や色覚能力は劣っている．耳は発達し，ヒトに比べると高音までよく聴くことができる．鼻は，鼻端がよく発達し，硬い地面でも掘ることができ，嗅覚は大変すぐれている．

皮膚は厚いが，汗腺は退化しており，ほとんど汗をかくことができない．そのため本来は体臭の少ない動物である．被毛は剛毛で太くまっすぐであるが少なく，体温保持というよりも，表皮保護の役割を果たしている．

四肢は短くて強く，ひづめは 2 つに分かれている．

乳頭は胸から腹にかけて左右 2 列並んでおり，通常，12 個以上あるが，左右の数や乳頭間隔は異なる場合がある．尾は細く短く，巻いているものが多い．

7.2.2 骨　　格

ブタの脊柱は頸椎 7 個，胸椎 14～16 個（まれに 13 や 17 個），腰椎 6 個（ま

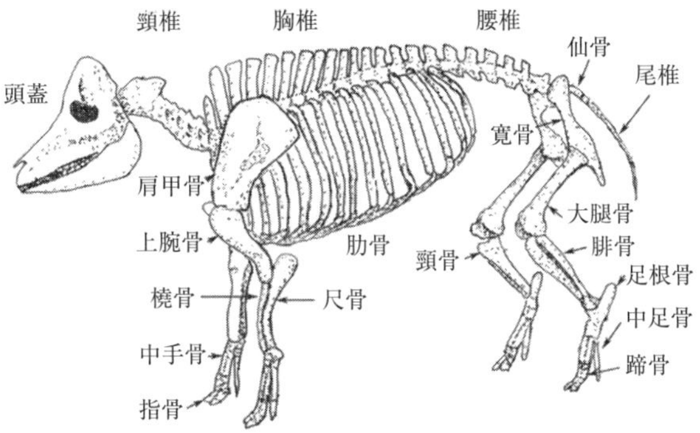

図 **7.6**　ブタの骨格

れに5や7個)，仙椎4個（骨化して1個)，尾椎20〜23個からなる（図7.6)．頸椎は哺乳類で数が同じである．胸椎は，ウシ，ウマほどではないが比較的発達した棘突起を上方に備えている．肋骨数は14〜16個（7対が多いが，まれに6や8対）で，胸椎の数と一致している．腰椎はそれよりも短い棘突起とともに，横突起が横に対になって伸びている．

ブタはウマ，ウシに比べ前腕骨格の尺骨と下腿骨格の発達がよい．前後肢ともに指列では第一指がなく，第二，五指は退化し，第三，四指で着地する．

7.2.3　筋　　肉

皮筋は皮膚の直下にあり，皮膚に両端が付着するか，一方は骨に付着し，皮膚に運動と緊張を与えている．頸部から背部にかけては多数の大筋が重積し，前肢，後肢にも大小さまざまな筋肉が存在し，骨格筋の合計は250種類以上に及ぶ．図7.7に体表からのおもな筋肉とロース断面の筋肉を示した．

7.2.4　消化器官

ブタは単胃動物で雑食性であり，消化管構造もヒトに似ている．ブタの消化管は，口腔，食道，胃（前胃部，噴門部，胃底，幽門部)，小腸（十二指腸，空回腸)，大腸（盲腸，結腸，直腸）から構成される（図7.8)．

胃には，幽門部に胃憩室とよばれるブタ特有の部分が存在する．噴門部からはアルカリ性の分泌液が，胃底部と幽門部からは飼料摂取後に大量の酸性の分泌液が放出される．胃酸はタンパク分解酵素を含んでいる．

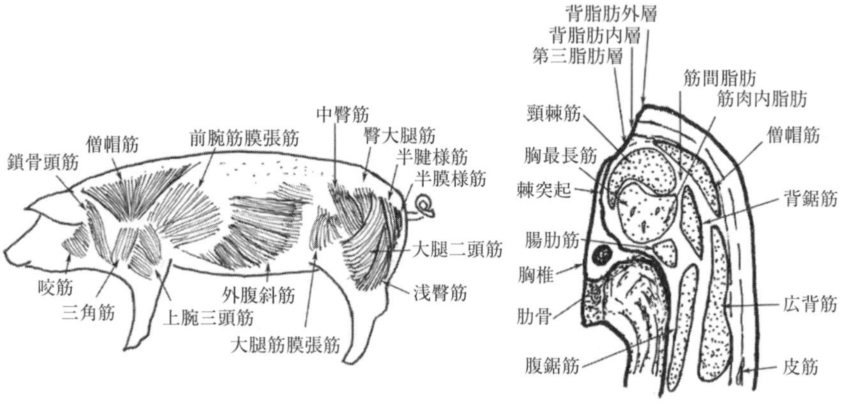

図 **7.7**　ブタにおける筋肉（左：表面，右：ロースカット面）

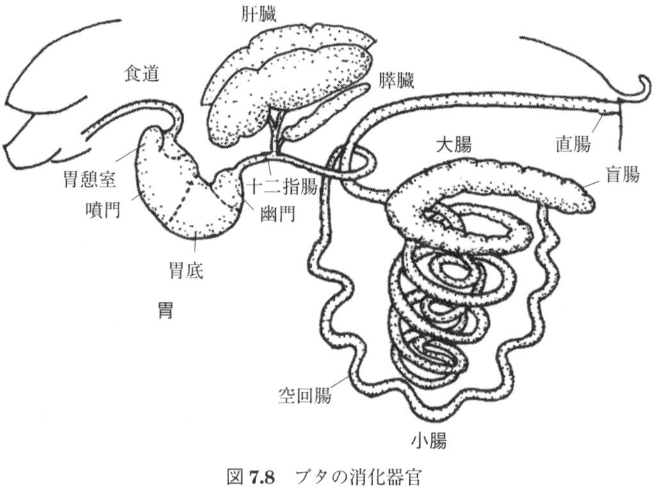

図 **7.8**　ブタの消化器官

肝臓は胆汁の生成，糖，脂質，タンパク質といった栄養素などの代謝調節，血漿タンパク質やケトン体，尿素の合成，解毒作用，ペプチドホルモンの不活化，体温の維持調整など，重要な役割を果たしている．ブタの胆汁酸の主成分は，ヒオコール酸，ヒオデオキシコール酸，ケノデオキシコール酸で，他の動物に多いコール酸はブタでは非常に少ない．

膵臓はインスリンやグルカゴンなどのホルモンを生産・分泌する内分泌器官の役割と，膵液を十二指腸内へ分泌する外分泌器官の役割を備えている．

小腸は胃幽門部に続き，約 60 cm の十二指腸と約 16 m の空回腸からなる．

大腸の長さは4〜4.5 m程度で，盲腸は大きく，結腸はしだいに細くなって円錐状に回転する．ヒトやイヌでは栄養物の消化と吸収は小腸でほぼ完了しているが，ブタでは盲腸と結腸がよく発達し，消化吸収が引き続き行われるだけでなく，微生物による発酵により繊維質もさかんに分解，消化され，栄養源にもなっている．

7.2.5　内臓諸器官

肺は，右が前，中，後の3葉に，左が前，後の2葉に分かれている（図7.9）．

心臓は左心房，左心室，右心房，右心室よりなり，体重の0.3%程度の重さである（図7.10）．

腎臓は赤褐色で，ヒトに似て，インゲン豆状で表面は平滑である（図7.11）．

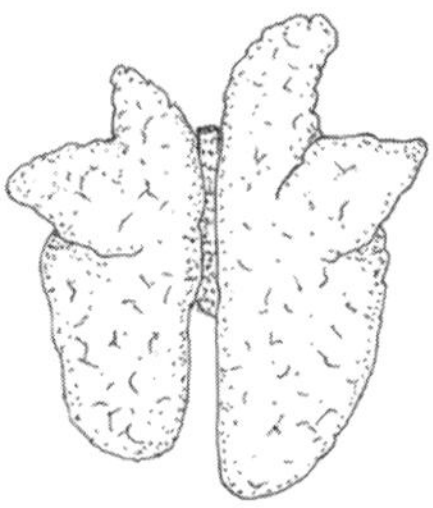

図 **7.9**　ブタの肺

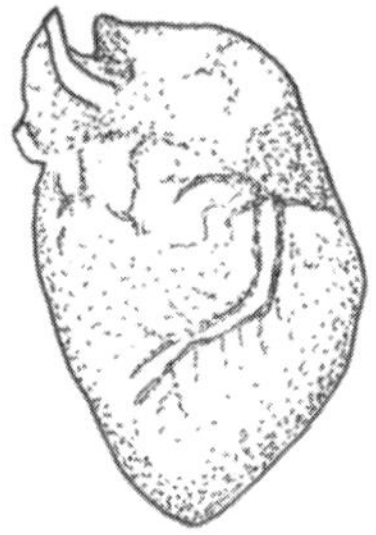

図 **7.10**　ブタの心臓

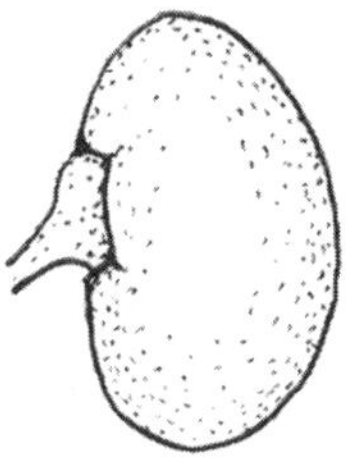

図 **7.11**　ブタの腎臓

7.2.6　繁 殖 器 官

a.　雌豚の生殖器

卵巣，卵管，子宮，子宮頸管，膣，外部生殖器より構成される（図7.12左）．卵巣は多くの卵胞や黄体をもち，複数の雌性ホルモンを分泌している．卵管は受精部位になる．子宮は2つの屈曲した子宮角と1つの子宮体からなり，子宮角では受精卵が着床し，胎子が発育する．子宮頸にはいくつかのひだが存在し，通常の人工授精の精液注入部位になる．

b.　雄豚の生殖器

精巣，精巣上体，精管，副生殖腺，陰茎より構成される（図7.12右）．精巣では精子が形成され，雄性ホルモンが分泌される．精巣上体では精子が成熟し，副生殖腺の精嚢線では精液の液体部（精嚢）が，尿道球腺では豚精液に特有な

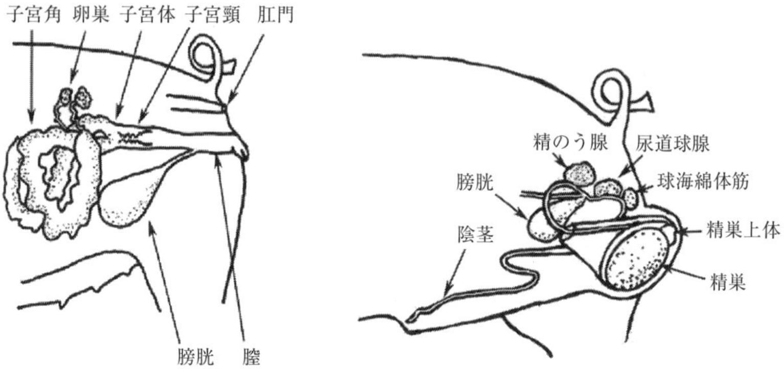

図 **7.12**　ブタの繁殖器官（左：雌，右：雄）

膠(こう)様物がつくられる．陰茎先端はらせん状である．

7.3　筋肉組織と脂肪組織

7.3.1　筋肉組織の構造

筋肉は，組織学的分類によって，多核の横紋筋，単核の平滑筋，心筋に分けることができる（図 7.13）．横紋筋は意識して動かすことができる随意筋であり，骨格筋はすべて横紋筋である．平滑筋，心筋は不随筋で，心筋は横紋を有する．またおもな内臓は平滑筋により構成されている．

図 **7.13**　筋繊維の種類
左：横紋筋，中：心筋，右：平滑筋．

骨格筋は，結合組織と筋束（第二次＞第一次）よりなり，筋束は筋繊維が束になったものである（図 7.14）．筋繊維は多核であるが，1 つの細胞の単位となる．筋繊維はさらに筋原繊維が集まったもので，筋原繊維はさらに 2 種類のフィラメント（細いアクチン，太いミオシン）の集合体である．

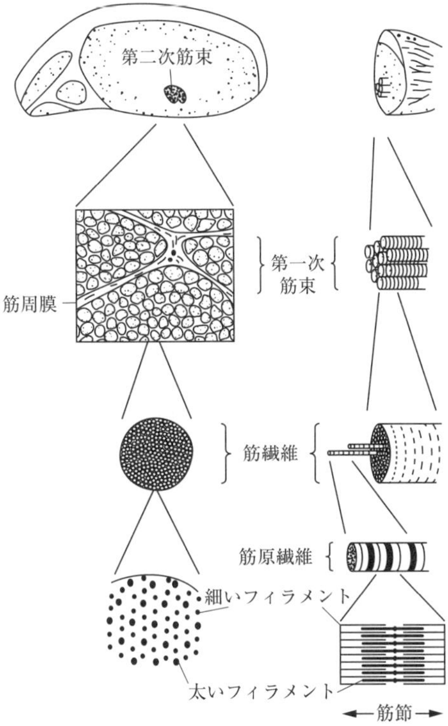

図 **7.14**　筋肉の微細構造

筋繊維が収縮すると，お互いのフィラメントが滑り込み，筋節（サルコメア）間の長さが短くなる．

骨格筋の色は，ブタはニワトリより濃く，ウシより淡いし，同じブタでも部位や月齢によって異なっている．これはおもに酸素を筋肉内で保持する色素であるミオグロビン量の違いによっている．ミオグロビンが多い筋肉は赤く，濃く見え，少ないと白く淡くみえる．これは，さらに構成する種々の筋繊維タイプ（赤色～白色）の比率が異なることによっている．赤色筋繊維は，好気的な酸化的リン酸化反応からエネルギーを得て，ゆっくりした運動を持続して行うのに対し，白色筋繊維は，嫌気的な解糖系からエネルギーを得て，迅速に収縮する．また加齢によりミオグロビン量は高まる．

結合組織は筋繊維の周囲を取り囲む組織であり（図 7.15），コラーゲンなどから構成される結合組織と，筋肉内や筋肉間などに存在する脂肪組織などがある．

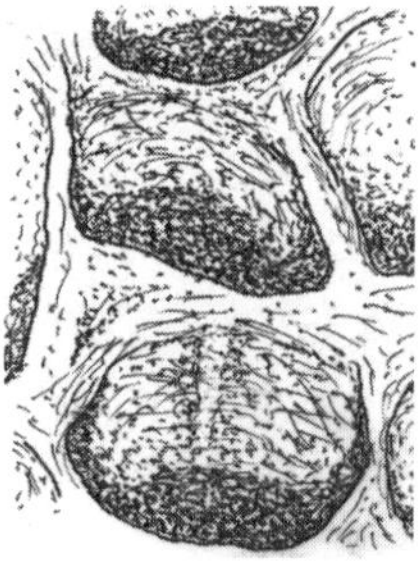

図 **7.15** 筋原繊維を除いた筋肉のコラーゲン構造

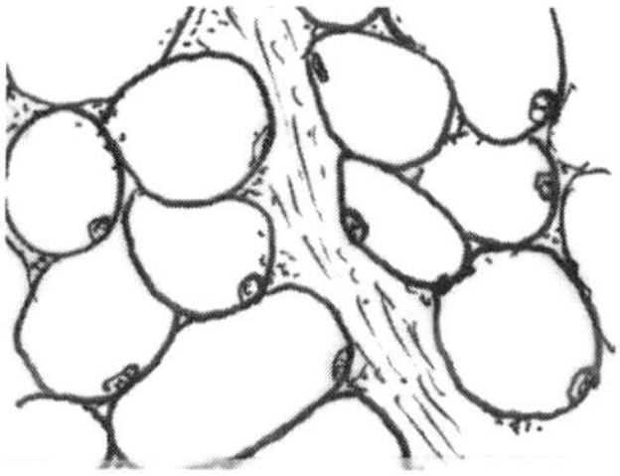

図 **7.16** 脂肪組織内の脂肪細胞

コラーゲンはタンパク質であり，体全体のタンパク質含量の 4 分の 1 以上を占める．複数の種類があり，その量や質の違いは筋肉の強度や食肉の硬さに影響する．一般的に家畜が年齢を経ると，コラーゲン分子間に架橋結合が形成され，筋肉の柔軟性が劣るようになり，食肉としても硬くなる．

7.3.2 脂肪組織の構造

脂肪組織は脂肪細胞の集まりであり（図 7.16），皮下，内臓周囲，筋肉間，筋肉内などに存在する．ブタの皮下脂肪は，外層，内層，第三脂肪層に分けられる．筋肉内脂肪は豚肉を目で見た状態では脂肪交雑（マーブリング）と呼ばれ，近年注目されている．なお，皮下脂肪の厚さと筋肉内脂肪の多さは必ずしも比例しない．

脂肪は，栄養物の貯蔵としてだけでなく，体の間隙の充填，諸臓器の保護，保温などのはたらきをし，近年では，TNF-α やレプチン，レジスチン，アディポネクチンといったホルモンを作り出す内分泌器官としても注目されている．

なお，脂肪細胞に蓄えられている脂質の大半は中性脂質（トリグリセリド）であり，他に少量のコレステロール，遊離脂肪酸，リン脂質を含んでいる．

7.3.3 タンパク質と脂質の蓄積

a. タンパク質の代謝

タンパク質は，体の中で常に活発に合成・分解されている．タンパク質はアミノ酸からしか合成されないため，常に飼料としてタンパク質—言い換えれば必須アミノ酸を中心としたものを必要量摂取しなければならない．

飼料中のタンパク質は小腸でアミノ酸に分解され体内に吸収される．吸収されたアミノ酸は，体タンパク質として再合成され，筋肉や内臓など諸器官の重要な原料となり，また酵素やペプチドホルモンにもなる．体内で生じるアミノ酸もタンパク質再合成に利用されるが，一部はグルコース，ヌクレオチド，脂肪，補酵素などへも転換される．

体内でアミノ酸が分解されると，アンモニアが生じる．アンモニアは生体に有害であるため，肝臓にある尿素回路によって無毒な尿素に変換され，尿として排出される．

なお，タンパク質を過剰に摂取しても，余分なアミノ酸は体内で分解され，グルコースや脂肪酸に変換される．また，タンパク質を過給すると，肝臓や腎臓に負担をかけ，また消化せずに糞中に排出されたタンパク質は，窒素が多く，環境問題を引き起こす原因にもなる．逆にタンパク質が不足すると，筋肉などが付かず，発育に異常をきたす．

b.　脂質の代謝

脂質は，水に溶けずにエーテルなどの有機溶媒に溶ける成分で，単純脂質（脂肪など），複合脂質（リン脂質，糖脂質）などに分類される．植物では「油」，動物で「脂肪」という言い方をする場合が多く（あわせて「油脂」），栄養学的には脂質イコール脂肪と解釈される場合が多い．

脂肪は，エネルギーに対する重量比が小さく，その蓄積に最適で，クッション性や断熱性もよい．体脂肪のほとんどは中性脂肪よりなり，中性脂肪は3つの脂肪酸とグリセリンがエステル結合したものである．脂肪酸には，炭素間結合に二重結合のない飽和脂肪酸と，ある不飽和脂肪酸（さらに一価と多価）に分類される．表7.1に，ブタにみられるおもな脂肪酸を示した．

表 7.1　ブタにみられるおもな脂肪酸

種　類	慣用名	記　号*
飽　和	ミリスチン酸	C14:0
	パルミチン酸	C16:0
	ステアリン酸	C18:0
不飽和（一価）	パルミトレイン酸	C16:1
（一価）	オレイン酸	C18:1
（多価）	リノール酸	C18:2
（多価）	リノレイン酸	C18:3

*：炭素数：二重結合数

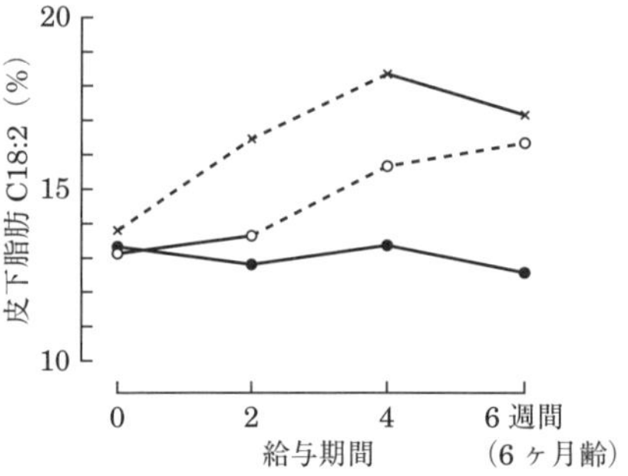

図 **7.17**　皮下脂肪中 C18:2 含量に及ぼす飼料の影響（入江，1989）
実線：配合飼料給与，破線：C18:2 添加飼料

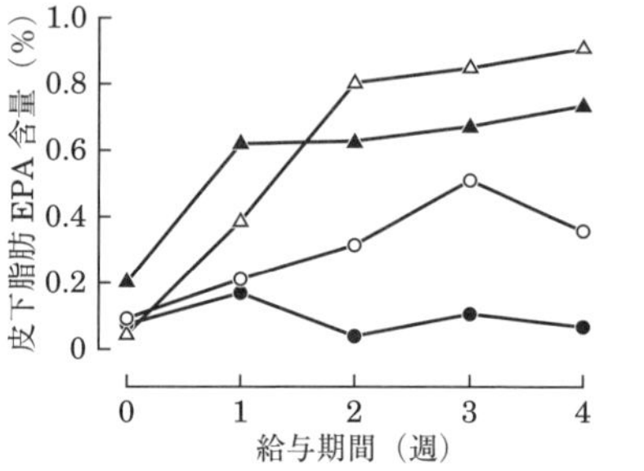

図 **7.18**　EPA を含む飼料を給与したブタにおける皮下脂肪中の EPA 含量（Irie *et al*., 1992）
△：6%魚油添加，▲：4%魚油添加，○：0%魚油添加，●：無添加.

脂肪は，飼料由来の脂質や炭水化物等から体内合成される．飼料中の油脂は，いったん腸内で脂肪酸に分解され，体内で再合成される．

脂肪組織は一見すると静的な組織にみえるが，飼料の影響を敏感に受けている．図 7.17 に飼料によるブタ体脂肪の脂肪酸への影響を示した（入江, 1989）．このように，体内で合成されない C18:2 の多い飼料（大豆油添加）を給与すると，皮下脂肪中の C18:2 は敏感に増え，減らすと減少する．一般的に多価不飽和脂肪酸は体脂肪に蓄積しやすく，魚に含まれるドコサヘキサエン酸（DHA）やエイコサペンタエン酸（EPA）といった脂肪酸を豚肉中に多く蓄積させることもでき（Irie & Sakimoto, 1992；図 7.18），海外では機能性食肉として流通している．〔入江正和〕

参 考 文 献

加藤嘉太郎・山内昭二（2003）：新編 家畜比較解剖図説（上巻），養賢堂.
原田悦守（1987）：豚病学（第 3 版）(熊谷哲夫ほか編)，pp.99-107，近代出版.
入江正和（1989）：飼料への大豆油添加とその添加時期によるブタの皮下脂肪の脂肪酸組成と厚さの変化．日養学誌，**26**：247-254.
Irie, M., Sakimoto, M.（1992）：Fat characteristics of pigs fed fish oil containing eicosapentaenoic and docosahexaenoic acids. *J. Anim. Sci*., **70**：470-474.

8. 豚肉の流通，枝肉規格，肉質

8.1 ブタと豚肉の流通

8.1.1 素豚の流通

生体（繁殖素豚（もとぶた），肥育素豚）での取引は，家畜市場や農家の庭先で行われるが，他にも，豚共進会などで種豚オークションとして売買されるもの，種畜生産会社からの契約販売，種畜場からの譲渡などがある．

8.1.2 肉豚の流通と枝肉

生産した肉豚を販売する方法には生体販売と枝肉（えだにく）販売があり，現在では枝肉販売が主流である．生体販売は家畜商などが養豚農家から肉豚を購入し，と畜場で枝肉にして販売する方法である．

枝肉（図 8.1）とは，家畜をと畜後，頭，内臓，四肢端部，皮を除いたものをいい，枝肉全体を丸，半分を半丸という．

また剥皮の方法によって皮はぎと湯はぎがある．皮はぎは，革やコラーゲン

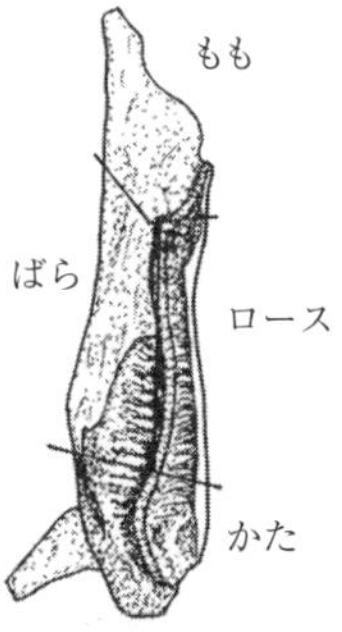

図 8.1　豚枝肉と分割

製品などへの利用のため皮そのものを剥ぐ方法で，わが国で主流である．湯はぎは，皮も含めて加工品など食用として利用するため，湯につけた後脱毛する方法で，上皮は除かれるが真皮は残り，ヨーロッパで主流である．

枝肉販売は，養豚農家がと畜場に豚を出荷し，枝肉の価値により，販売する方法で，取引方法にはせり取引と相対（あいたい）取引がある．せり取引は，複数の仲卸業者間で競り合う方式で行われる．相対取引は，その時の大手市場のせり取引相場，枝肉評価などを参考にして一定のルールで決められるものである．また枝肉は，かた，ロース，ばら，ハムの4部分肉に分けられ（大割肉片（おおわりにくへん）），豚部分肉取引規格として等級が決められることもある．

8.1.3　出荷からと畜まで

肉豚は，一般的に，枝肉規格に合った約6ヶ月齢頃，体重がおおむね105〜115 kgで出荷される．出荷はできるだけストレスを与えないように行うことが，ブタにとっても，その後の肉質に悪影響を与えないためにも重要である．

ブタのと畜は，法律で認可されたと畜場（食肉センターなど）で行われる．と畜はできるだけ痛みを与えない方法で行うことが，動物福祉的にも，肉質を悪化させないためにも大切である．このためブタは係留所で一定時間かけて落ち着かせ，また，と畜直前，意識を失わせるスタニング（stunning）がとられ

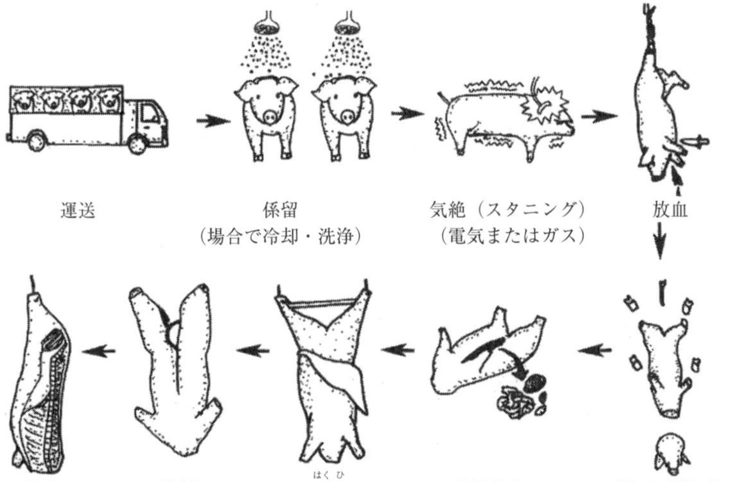

図8.2　ブタにおけると畜行程

る（図 8.2）．スタニングには電気による方法とガスによる方法があり，一般的に，わが国では電気による方法が，欧米などでは二酸化炭素（CO_2）ガスによる方法が採用されている．

その後，ナイフで頸の血管を切り放血し，頭・四肢・尾を切除し，内臓を摘出後，剥皮する．電気ノコで背骨を半分に切った（背割り）後，枝肉とし，速やかに冷蔵する．冷却が遅かったり不十分であったりすると，肉質が低下することがある．

8.1.4 と畜検査

ブタの生体やと体は，と畜場法に基づいて，獣医師の資格を有したと畜検査員によって１頭ずつ調べられている（と畜検査）．生体では食用にできない病気にかかっていないかを調べ，解体後には内臓と枝肉の異常を検査し，さらに場合によっては微生物学や病理学，理化学的な精密検査も行い，安全性がチェックされている．

8.1.5 格付検査

枝肉は農林水産省の省令によって規格格付が定められ，これによって多くの豚枝肉は１頭ごとに格付評価される．評価は社団法人 日本食肉格付協会の資格を有した食肉格付員が行っている．枝肉は，肉量・肉質が評価され，極上，上，中，並，等外に分類される．

枝肉格付では，まず半丸の枝肉重量と背脂肪の厚さが測定され，第一段階と

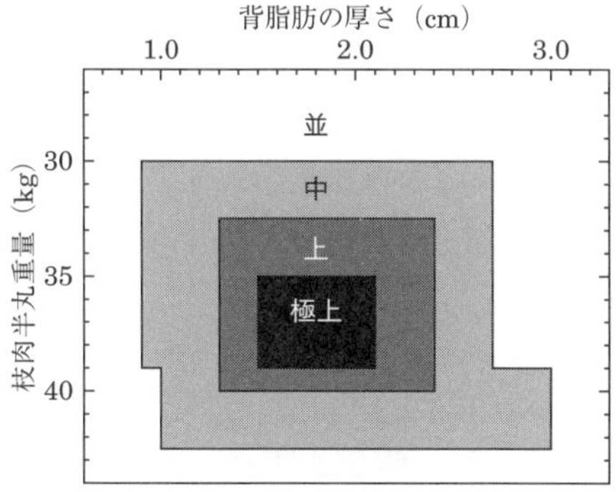

図 8.3 ブタ枝肉の半丸重量と背脂肪厚による枝肉規格（日本食肉格付協会，2007）

して大まかな等級に分類される．なお，図 8.3 は皮はぎの等級判定表であり，湯はぎの表も別途設けられている．

次に，食肉格付員によって外観（均称，肉づき，脂肪付着，仕上げ）と肉質（肉のしまりおよびきめ，肉の色沢，脂肪の色沢と質，脂肪の沈着）が評価される．最終的な等級は，各項目で最も低い等級がその枝肉の等級となる．なお，極上と上に格付けされた割合を上物率という．

格付上で，良い枝肉となるのは，肉と脂肪の量的バランスがとれ，肉量が確保でき，肉質が良いものとなる．現在，最も格付が落とされる原因となるのは重量範囲であり，次に厚脂（あつし）や均称・肉づき，薄脂（うすし）である．肉質評価では各項目にばらついており，それぞれが格落ち原因の 3 ～ 10％を占める．

8.2 肉質の評価

8.2.1 生体評価

肉量や脂肪量を生体で知る方法としては超音波法が広く利用されている．ほかにも X 線や NMR による CT スキャン法が検討されているが，画像の精細度は良いものの，装置の価格や大きさから普及までには至っていない．

超音波法にはいろいろな種類があるが，現在主流となっているのは電子スキャナ法である．通常，プローブを検査部位に接触させるだけで，瞬時に体内の脂肪と筋肉の分布画像を得ることができる．これによって皮下脂肪や筋肉の厚みや面積を比較的精度よく知ることができ，検定事業などに実用化されている．また，最近では，ブタの脂肪交雑もある程度推定することができるとの報告もある．

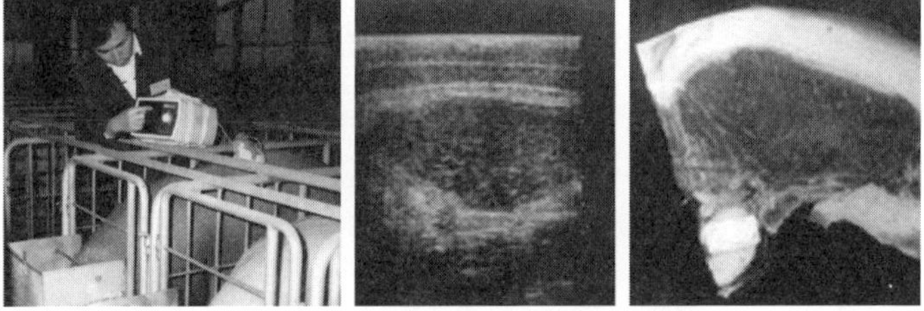

図 8.4　ブタにおける超音波法の応用
左：生体評価，中：ロースの超音波画像，右：枝肉カット断面．

なお，電気的特性を利用したインピーダンス法も肉量，あるいは脂肪率を推定するのに利用されているが，精度がそれほどすぐれないため，広く普及する方法にはなっていない．

8.2.2 肉色，脂肪色

豚肉には適度な色があり，淡くても，濃くても好ましくない．わが国ではロース断面の色を基準にした豚肉色模型が存在する(巻頭カラー口絵参照)．脂肪は白色が好ましく，黄色など着色しているものは良くない．脂肪色にも豚脂肪色基準がある．

なお，肉色の濃淡や色調の変化は，①ミオグロビン含量，②ミオグロビンの化学的変化，③筋肉の微細構造の変化（後述）などによって起こる．ミオグロビンは図 8.5 のように化学的変化をする．オキシ化することをブルーミングといい，肉色検査の場合には，切断直後か，一定時間（30 分程度）経過後，検査する．

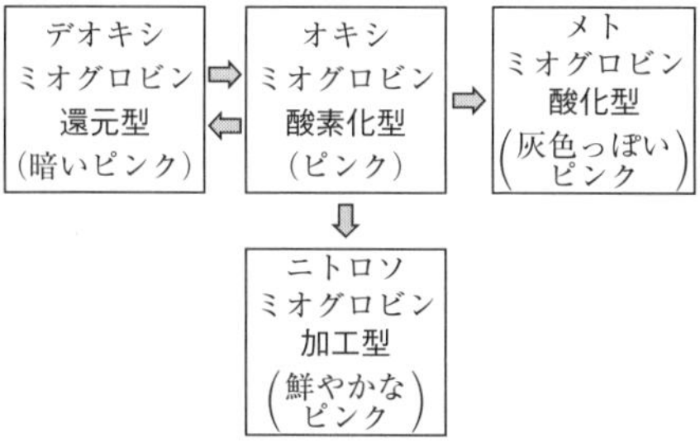

図 **8.5**　ミオグロビンの化学的変化と豚肉の色調

脂肪の黄色化は，後に記すが，飼料が原因である．脂肪の赤色化はおもに残存したヘモグロビンによるものであり，これもミオグロビン同様，経時的な化学変化をする．

8.2.3 しまりときめ

肉のしまりでは，肉表面がぶよぶよし，肉汁がしみ出しやすいものをしまりが悪いという．世界的に知られるしまりの悪い豚肉は後述する PSE 豚である．

肉のきめ（筋肉の束の大きさ）は細かい方が良い．バークシャーや中ヨークシャーなどの中型種で肉質が良いとされるのは，きめが細かく，一般的に歯触りが良く，多汁性にすぐれるからである．

なお，脂肪質にもしまりというものがあり，触ってみて脂肪が軟らかいものを脂肪のしまりが悪いといい，好ましくない．なお，肉のしまりと脂肪のしまりはまったく別のものであり，それぞれは独立した因子である．

8.2.4 脂肪交雑

脂肪交雑（マーブリング）はサシや霜降りともいい，近年，豚肉においても重要視され始めた形質である．わが国では基準はないが，アメリカなどでは，豚肉の筋内脂肪量を表す脂肪交雑基準が作成されている．

脂肪交雑は胸最長筋内の脂肪含量として，低いもので1%未満，多いものでは10%以上になり，見た目にもずいぶん差がある．遺伝や飼料により作出された脂肪交雑の銘柄豚肉では5%以上が多い．

以前欧米では，赤肉志向を受けて筋内脂肪含量1%以下にブタを改良したところ，食味が落ち，かえって消費が減退した．上述のアメリカの脂肪交雑（マーブリング）基準はもともと赤身を作るためのものであったが，現在ではある程度，脂肪交雑を入れるための基準となっている．

わが国においても，筋内脂肪が食味を向上させるものとして注目され，遺伝的改良によってトウキョウXやしもふりレッドなどが作出され，また飼養管理(パンなどのエコフィード多給等のアミノ酸バランス法)によってさまざまな銘柄豚が作られ，販売されている（図8.6）．

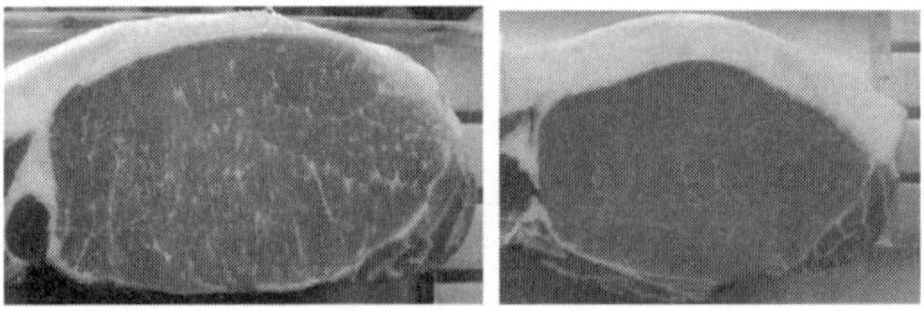

図8.6 廃棄パン多給によってつくられた脂肪交雑豚肉（左）と同一きょうだいの対照区の豚肉（右）

8.2.5 異常豚肉

a. 筋肉の異常

豚肉の異常には，筋肉と脂肪の異常が知られている．筋肉の異常として国際

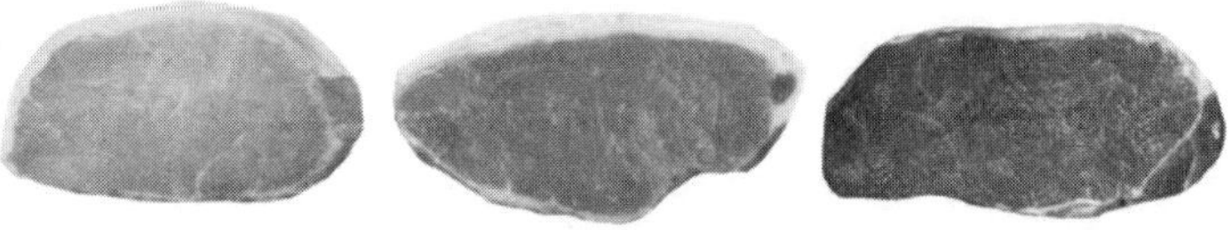

図 8.7 PSE 豚肉（左）と正常な豚肉（中），DFD 豚肉（右）

的に有名なのは，PSE（pale soft exudative；色が淡く，筋肉が軟質な感じを与え，肉汁の滲出しやすい）豚肉，および DFD（dark firm dry；色が濃く，しまって，乾燥した感じの）豚肉である（図 8.7）.

これら異常肉の色調変化は，ミオグロビンの多少ではなく，筋肉の微細構造の変化による．PSE の場合には，筋繊維の微細構造が崩壊し，光が表面で反射しやすくなることにより白く見え，組織構造の崩壊のため軟質となり，また肉汁がしみ出しやすい現象となる．DFD の場合は，組織が密着するため，光が内部まで通過してデオキシミオグロビンが見え，暗く濃く見えるが，組織はしっかりしているので，保水性がよく，多汁である.

PSE 豚肉は，1970 年代に行われた，赤肉を多くし脂肪を減らすという極端な遺伝的改良から多発したものである．PSE 豚肉は，見栄えが悪いという問題だけでなく，保存や加工品にも適さず，食味が劣るという欠点がある．おもに遺伝的要因によって発生することが明らかになり，その淘汰によって極度のものは減少したが，今なお，他の要因による中軽度の発生が問題となっている．他の要因としては，と畜前〜と畜時のブタに対するストレスや栄養，と畜後のと体処理等がある．栄養との関連では，筋肉中に蓄えられた栄養物質であるグリコーゲン含量が高いと PSE になりやすく，低いと DFD になりやすい.

と畜前のストレスには，飼養環境，輸送時のストレス，と畜前の安静状態，と畜方法等が影響する．なお，ストレスの受けやすさには遺伝的な差異があり，品種や系統等によって異常肉発生率に大きな違いがみられる．ストレス感受性を検出する方法としてはハロセン麻酔や DNA 診断などが実用化されている．と畜後の要因としては，枝肉の解体処理過程において放冷が不足している場合，PSE 豚肉になりやすい.

b.　脂肪の異常

軟脂豚は冷蔵状態において脂肪が軟らかいものをいい，スライス時や加工品製造時に欠点が現われる．また，脂肪の色が黄色のものを黄豚といい，見栄え

表 8.1　各グループにおける理化学的測定値（豚腎臓周囲脂肪）（Nishioka & Irie, 2005 より作成）

触感評価 硬度（N）	軟らかい ←				→	硬い
	＜2	2≦，＜5	5≦，＜7	7≦，＜10	10≦，＜16	16≦
頭　数	5	19	21	29	50	55
硬度[a]（N）	1.4	3.5	6.1	8.4	13	21.2
融点[b]（℃）	30.4	31.4	34.7	35.2	38	40.2
脂肪酸の種類別割合						
飽和[c]（%）	39.2	42.1	45.4	45.5	47.5	49.2
モノ不飽和[c]（%）	44.2	42.8	41.1	42.3	41.2	40.3
多価不飽和[c]（%）	16.7	15.1	13.4	12.2	11.3	10.5

a：脂肪の硬さの機械的計測値（グループの平均値；以下の測定項目も同じ）.
b：脂肪の溶ける温度.
c：飽和は飽和脂肪酸，モノ不飽和は不飽和結合が 1 つ，多価不飽和は不飽和結合が 2 つ以上の脂肪酸の割合.

が悪く，軟質であるうえに風味も悪い．現在黄豚の発生はほとんどなくなり，脂肪の質に問題があるものの大半は軟脂豚である．軟脂の理化学的性状を表 8.1 に示した．軟脂は硬度と融点が低く，飽和脂肪酸が少なく，多価不飽和脂肪酸が多い.

ブタの体脂肪の質は遺伝的要因と環境的要因によって影響されるが，特に給与飼料はブタの脂肪の質に大きな影響を及ぼし，軟脂発生の大きな要因である．軟脂の大半は，飼料中のリノール酸などの多価不飽和脂肪酸が体脂肪中に移行・蓄積するために起こる現象である．したがって，軟脂を防止するには，飼料中の粗脂肪含量を減らすこと，さらに多価不飽和脂肪酸をできる限り減らすことである.

黄豚は，魚の荒粕といった飼料に由来する過酸化脂質が体脂肪に蓄積することによって発生する．黄豚防止にはビタミン E の飼料添加が有効である．なお，酸化しやすい食品等を飼料として利用する場合には，過酸化脂質が移行して，黄豚にならないまでも豚肉の風味が劣化するので，利用の際には気をつける必要がある.

8.3　加　工　品

豚肉の加工品はヨーロッパで特に冬の重要な保存食として古くから発達した

ものである．ローマ時代にはすでに種々のハム・ソーセージ製品が広く普及していた．ヨーロッパはもともと，夏に乾燥し冬に冷涼な気候のため，多くの土地は穀類生産に適さず，牧草類や森林等を利用した畜産が発達した．ブタは多産で発育が早く，食肉利用として適しており，春から秋にかけてはドングリのある森林放牧によって自然に生育させ，冬は飼料・食料不足を乗り切るため，肉豚をと畜し，保存性を向上させた加工品を造っていた．なおスパイスやハーブの利用も，保存による臭いをごまかすために工夫されたものである．

8.3.1 ハ　　ム

ハム（ham）は，一般的に，豚肉を塩漬，燻煙，湯煮して独特の風味を与えた製品である．ハムはもともともも肉の部分名で，元来はこの部位を対象としたものであったが，わが国では骨付きハム（レギュラーハム）やボンレスハムのほかに，ロースハム，ショルダーハム，ベリーハム，湯煮しないラックスハム（生ハム）があり，さらに日本独特の小塊の肉を密着させたプレスハムもある．

なお，スペインのハモン・イベリコ（イベリコ豚を用いた生ハム）やイタリアのパルマハム（プロシュート・デ・パルマ）は有名であるが，これらは日本の生ハムとは製造法，食味ともに異なっている．製造法を簡単に述べると，骨付きのもも肉を塩漬けし，乾燥し，熟成させるというのが基本で，熟成は室温で，高級品では1年以上かけて行う．表面は有用なカビが生えた状態となる発酵製品である．

ハムの一般的製造法は，原料肉の肉温と重量を測定し，一定比率の食塩と硝酸カリウムをすり込み，低温で1〜2昼夜放置する（血絞り），これによって変敗の原因となる血液を完全に除去し，肉に塩味をつけ，発色を促す．清拭後，食塩，硝石等の発色剤，砂糖，アスコルビン酸ナトリウムやニコチン酸アミドといった還元剤，香辛料等で処理（塩漬）することによって，保存性を高め，望ましい色調を与えるとともに，風味を改善し，保水性を高める．

塩漬法には表面に塗りつける乾塩法，塩水中に漬け込んだり，肉中に注入したりする湿塩法，肉を細切しながら塩を混合するエマルジョン（emulsion）法がある．次に，水浸して塩抜きを行い，紐で縛ったり，袋であるケーシング（casing）に充填する．ケーシングには家畜の腸などから作った天然ケーシングとコラーゲンやプラスチック等から作った人工ケーシングがある．その後，風味や色づけ，保存性を高めるために，燻煙を行う．温度により冷燻，熱燻，焙燻といった方法がある．燻煙後は殺菌のためクッキングし（70～75℃のお湯中で中心肉温 63℃まで加温），冷却，包装を行う．

8.3.2 ソーセージ

ソーセージ（sausage）は種類が多く，水分の多いドメスチックと水分の少ないドライに大別される．ドメスチックには，加熱調理が必要なフレッシュソーセージと，フランクフルト，ボロニア，ウインナー等のスモークドソーセージ，さらにレバー，ブラッド等のクックドソーセージがある．ドライにはサラミソーセージやセルベラート（サマー）ソーセージなどがある．

ソーセージは，豚肉などを切断または細切しながら，塩漬剤が混和される．塩漬けされた原料肉は肉挽器で挽かれ，サイレントカッターで各種材料とよく練り合わせられる．ケーシングに充填後，その種類により燻煙，クッキングを行う．

8.3.3 ベーコン

ベーコン（bacon）はばら肉を原料とし，血絞り後，おもに乾塩法によって塩漬けを行う．水洗，乾燥後，燻煙し，冷却，包装する．原料部位の違いによってロースベーコン，ショルダーベーコン，ミドルベーコン，サイドベーコン等がある．

〔入江正和〕

参考文献

入江正和（1992）：総説 超音波法の養豚分野における応用と発達．日豚学誌，**29**：127-138.

入江正和（2002）：総説 豚肉質の評価法．日豚学誌，**39**：221-254.

入江正和（2002）：総説 豚脂肪の理化学的性状に及ぼす諸要因．畜産の研究，**43**：793-798；942-946；1049-1055；1143-1152.

伊藤研一（2003）：ハム・ソーセージ図鑑，財団法人 伊藤記念財団.

日本食肉格付協会（2007）：牛豚・枝肉 牛・豚部分肉 取引規格解説書，日本食肉格付協会.

Nishioka, T., Irie, M.（2005）：Evaluation method for firmness and stickiness of porcine perirenal fat. *Meat Sci.*, **70**：399-404.

9. ブタの遺伝

ブタの形質（trait）には，形態学的（耳形など），生理学的（血糖値など），生化学的（酵素活性など），解剖学的（椎骨数など），経済的（増体や肉質など）特徴などさまざまなものがある．このような形質は，大きく質的形質（qualitative trait）と量的形質（quantitative trait）とに分けることができる．こうした形質は親から子へ受け継がれ，子が親に似る現象を遺伝と呼んでいる．このとき，遺伝情報を運ぶものを遺伝子と呼び，デオキシリボ核酸（DNA）が本体である．

9.1　質的形質の遺伝

質的形質は不連続でいくつかのタイプに分類できる形質であり，一般に単一または少数の遺伝子によって支配されている．したがって，1つの遺伝子が当該形質の発現に決定的な役割を果たし，単純なメンデル遺伝に従っている．また質的形質は，環境の影響をほとんど受けない形質であり，毛色および外部形態（耳形，体型など），血液型・タンパク質多型，先天性奇形を含む遺伝性疾患，DNA 多型などが含まれる．質的形質には，毛色や血液型等のように生産性に直接影響を及ぼさないものと，先天性奇形などの遺伝性疾患のように大きな影響を与えるものがある．単一遺伝子に支配されている質的形質で最も多いのは遺伝性疾患であり，ほとんどが劣性遺伝である．質的形質の場合は，表現型により明確に個体を分類することができるので，出現割合を調査することにより，当該形質の遺伝様式を明らかにすることができる．

一方，連続的な値を示す形質を量的形質と呼び，ほとんどが複数の遺伝子によって支配されている．産業上有用な形質の多くは量的形質に分類される．また，それらを支配する遺伝子座は量的形質遺伝子座（quantitative trait loci：

表 9.1 形質と遺伝様式の関係

	単純な遺伝（メンデル遺伝）	複雑な遺伝（多因子遺伝）
質的形質	毛色，血液型など	耳形など（遺伝性疾患）
量的形質	椎骨数など（遺伝性疾患）	成長・肉質などほとんどの経済形質

QTL）と呼ばれ，後述するように遺伝的解析が盛んに行われている．さらに，遺伝性疾患のような閾値形質は見かけ上不連続であることから質的形質に見えるが，その背後に連続分布が仮定できることから量的形質とみることもできる．

なお，量的あるいは質的という区分は，便宜上の区分といってもいい．1つの形質が，大きな作用をもつ遺伝子（主働遺伝子）と同時に効果が小さい多数の遺伝子（微働遺伝子）に支配されている場合，主働遺伝子だけに着目するなら質的な取り扱いができ，微働遺伝子も同時に着目するなら量的な取り扱いをすることになる．形質と遺伝様式（メンデル遺伝または多因子遺伝）との関係を表 9.1 に示した．多因子遺伝は，形質発現に関与する遺伝子の数や環境の影響などにより複雑なものとなる．

9.1.1 メンデルの法則

遺伝の基本はメンデルが行った実験から発見された法則に基づいている．すなわち，①異なった形質をもつ両親の間の雑種第 1 代（first filial generation：F_1）はどちらか一方の形質のみをもつこと（優劣の法則），② F_1 では両親に由来する遺伝子をもつ配偶子が 1：1 の割合で生産されること（分離の法則），③ 2 つの異なった形質であっても，それぞれの形質は他の形質の影響を受けずに独立して遺伝すること（独立の法則），である．形質は染色体上に存在する遺伝子によって支配され，その遺伝子は配偶子を通じて子に伝えられる．遺伝子の存在する染色体上の位置を遺伝子座（locus）と呼び，遺伝子座における対立遺伝子（allele）の構成を遺伝子型（genotype）という．遺伝子は体細胞中では対で存在するが，配偶子が形成されるときに分離し，各配偶子に 1 個ずつ伝えられる．受精によって接合体が形成されると再び対になる．対となった対立遺伝子が同一のときホモ接合体（homozygote），異なっていればヘテロ接合体（heterozygote）という．ヘテロ接合体においてどちらか一方の親の表現型のみが発現する場合，発現する形質を優性の形質（dominant trait），発現しない形質を劣性形質（recessive trait）という．なお，対立遺伝子の表記法は，遺伝子記号（gene symbol）で表し，上記のように優性形質の対立遺伝子を大文字で，劣性形質の対立遺伝子を小文字で表す場合と，その生物が本来もつ表現型を野生型（wild type）として＋で表し，野生型とは異なる表現型が生じたものを突然変異型（mutant type）として記号で表す場合がある．

9.1.2　メンデルの法則の拡張

メンデルの法則の再発見以降，遺伝の研究が盛んに行われるようになり，3法則のみでは説明できない現象もしばしば観察された．しかし，それらはメンデルの法則が不完全なためではなく，基本的にはメンデルの法則を拡張することで説明可能なものである．

a.　優劣の法則の例外

優劣の法則には，不完全優性，共優性などの多くの例外がある．優劣の法則が成り立つ場合 F_1 は両親のどちらかの形質のみを示すが，不完全優性の形質では F_1 は両親の中間的な表現型を示し，共優性の形質では F_1 は両親の形質をともに示す．たとえば，耳形には立耳と垂耳があり，不完全優性である．まれではあるが超優性という遺伝様式をとる形質も知られている．これはヘテロ接合体が，両対立遺伝子のいずれのホモ接合体よりも顕著な表現型を呈する場合である．たとえば，*DLK1* および *MEG3* 遺伝子が成長にこのような効果があると報告されている．

b.　分離の法則の例外

分離の法則に従わない遺伝様式の典型的な例は伴性遺伝（sex limited inheritance）であり，性染色体上に存在する遺伝子により発現する形質がとるものである．ブタにおいてはきわめてまれな疾患であるが血友病が典型的な例である．また，ホモ個体が胎生期で死亡するような致死遺伝子の場合にも，生まれてくる個体の表現型の分離比は分離の法則から期待される値とは大きく異なる．したがって，産子数の少ない家系では致死遺伝子が原因の 1 つかもしれない．また，浸透度（penetrance）が低い形質の場合にも，表現型の分離比は分離の法則に従わないことになるが，ブタではあまりよく調べられてはいない．

c.　独立の法則の例外

独立の法則の例外は，後述する血液型で多数確認されているが，遺伝子が同じ染色体上の近傍に位置する連鎖（linkage）が典型的である．遺伝子やDNAマーカーの間に連鎖の関係がある場合，それを有効に活用することで隠れた形質をある程度予測することができる．よい例が，豚ストレス症候群に関する初期の取り組みである．原因遺伝子が特定されるまでは，キャリアの検出に近傍の血液型やタンパク多型が利用された．また，ゲノム情報の育種的利用の場合は，この連鎖を利用し理論的枠組みが構築されている．

d. 遺伝子の相互作用（エピスタシス）

特定の形質の出現に複数の遺伝子が関与している場合も知られている．複数の遺伝子が対等に寄与する場合と，上下関係が成立する場合がある．後者のように異なった複数の遺伝子間の非相加的相互作用を一般にエピスタシス（epistasis, 上位性）効果と呼んでいる．エピスタシスの関係にある遺伝子はある形質の発現に関する一連の生化学反応経路のなかで異なった位置に存在する酵素の遺伝子である場合が多い．エピスタシスの例としては，後述する毛色の遺伝があげられる．すなわち，I 遺伝子座で白色型をもつ場合，E 遺伝子座の遺伝子型にかかわらず白色の毛色となるように，I 遺伝子座は E 遺伝子座の上位に位置している．

e. その他の非メンデル遺伝

遺伝子に突然変異が起きて遺伝子産物の機能が失われる場合，多くは劣性の形質となる．一方，片方の正常な対立遺伝子のみでは個体レベルでの正常な機能を維持するには十分でない場合は優性の形質となる．また，突然変異により生じた遺伝子産物（タンパク質）が正常な遺伝子産物の機能を阻害するような場合も知られている．このような場合を優性ネガティブ（dominant negative）効果といい，やはり優性の形質となる．一方，特定のアミノ酸置換により酵素活性が異常に亢進するような場合や，遺伝子の発現調節領域の変異により発現が亢進する場合も，片方の対立遺伝子の変異のみで表現型に影響を及ぼすのに十分であるため，優性の形質となる．

また，細胞内小器官であるミトコンドリアは，その内部に環状のDNA分子をもち，その機能に関するいくつかの遺伝子がこの環状DNA上に存在している．受精に際して核内の遺伝子は配偶子である精子と卵から均等に由来するのに対し，細胞質中に存在するミトコンドリアの遺伝子は卵すなわち母親のみに由来する．ブタでの報告は見当たらないが，ミトコンドリアの遺伝子変異により引き起こされる遺伝性疾患が知られており，母親からのみ遺伝する母性遺伝（maternal inheritance）となる．

さらに，ゲノムインプリンティング（genomic imprinting，ゲノム刷り込み）という現象があり，これは哺乳類の一部の遺伝子において，父親あるいは母親のどちらかから受け継いだ遺伝子のみが発現する遺伝様式である．したがって，インプリント遺伝子に生じた突然変異では，非メンデル遺伝の様式となる．たとえば，産肉性に関与する *IGF2* 遺伝子では父親から譲り受けた対立遺伝子のみが形質発現に影響している．

9.2 毛色の遺伝

9.2.1 ブタの毛色

ブタの毛色は家畜化の過程で人為的選択を強く受けてきた形質である．現在さまざまな毛色が知られ，それぞれの品種の遺伝的特徴の 1 つとなっている．毛色は大きく以下の 8 種類に分類されている．①野生型（wild type）：野生のイノシシの毛色であり，その毛は 1 本の中で薄い色や濃い色の部分があり，縞模様となっている．またイノシシの子には体に縦の縞模様が入る．この縦の縞模様はブタでも品種間の交配により低頻度で観察される．②均一な黒色（uniform black）：全身均一な黒色であり，この色をもつ品種にはイギリスのラージブラックなどがある．中国やベトナムの在来豚にも多く見受けられる．③均一な褐色（uniform red）：全身均一な褐色であり，産業上基幹品種であるデュロックの色である．④黒まだら，黒ドミノ斑（black spotting，domino black spotting）：白地または赤地に黒の斑点が出るもので，ピエトレンが代表的である．ドミノ斑とは，中形または不定形の多数の黒斑点が，脚部や前頭部，尾を除いた全身に分布する状態をいい，後述の駁毛（ぶちげ）とは異なる．⑤黒や赤の駁毛（black and red piebald）：少数の大きな黒や赤斑がおもに頭部や尾部，背中に出るもので，その色の出方によりいくつかに分類されている．頭部と尾部の白い金華豚や白帯のハンプシャーが含まれる．⑥黒地に白のポイント（black with white points）：均一な黒であるが，脚と尾および鼻先が白くなる．バークシャーが代表的で，六白（ろっぱく）と呼ばれている．⑦白（white）：白は基幹品種であるランドレースや大ヨークシャーにみられる．⑧その他：上記の分類に含まれない毛色を指す.

9.2.2 ブタ毛色に関連する遺伝子座と遺伝子変異の対応

交配実験によるブタ毛色遺伝子座の推定は，おもに1900年代の前半に行われた．毛色関連遺伝子座は他の家畜と共通にみられ，表9.2に毛色関連遺伝子の一覧を示した．交配実験により確認，または推定されたブタの毛色関連遺伝子を表9.3に挙げたが，分子レベルで対応のついたものは少なく，ブタではほとんどの遺伝子座が未解析である．ここでは現在明らかになったブタの毛色と遺伝子変異について述べる．

表9.2 毛色に関連する遺伝子座と遺伝子

遺伝子座		遺伝子	
記号	名　称	遺伝子記号	遺伝子名
A	Agouti	*ASIP*	Agouti signaling protein
B	Brown	*TYRP1*	Tyrosinase-related protein 1
C	Albino	*TYR*	Tyrosinase
D	Dilution	*MYO5A*	Myosin type Va
E	Extension	*MC1R*	Melanocortin 1 receptor
I	Dominant white	*KIT*	Kit protein
P	Pink–eyed dilution	*OCA2*	Oculocutaneous albinism II
S	Spotted	*EDNRB*	Endothelin receptor type B

表9.3 各品種における毛色関連遺伝子の遺伝子型

品　種	毛　色	遺伝子型			
		A	*I*	*E*	*He*
ランドレース	白　色	*aa*	*II*	E^PE^P	*hehe*
大ヨークシャー	白　色	*aa*	*II*	E^PE^P	*hehe*
デュロック	均一な褐色	*aa*	*ii*	*ee*	*hehe*
バークシャー	黒色に大きな斑	*aa*	*ii*	E^PE^P	*HeHe*
ハンプシャー	黒色に白帯	*aa*	$I^{Be}I^{Be}$	E^DE^D	*hehe*
梅山豚	黒　色	*aa*	*ii*	*EE*	*hehe*
イノシシ	野生色	*AA*	*ii*	*EE*	*hehe*

a. *E*遺伝子座に対応する*MC1R*（Melanocortin 1 receptor）遺伝子

*E*遺伝子座には，4つの対立遺伝子が知られている（E^+，E^d，E^p，*e*）．イノシシと大ヨークシャー種を用いた家系において，F_2個体の*E*遺伝子座は野生型（*E*/−）と黒斑（black spotting：E^P/E^P）に分離し，第6番染色体短腕末端の

マーカーS0035と強く連鎖している．この部位には*MC1R*遺伝子があり，758塩基対の塩基配列とアミノ酸配列の比較の結果，4つの対立遺伝子（*MC1R*1*, **2*, **3*および**4*）が見いだされた．*MC1R*1*は*E*遺伝子座のE^{+}対立遺伝子（wild type）に相当すると考えられ，以下，*MC1R*2*はE^{D1}（dominant black；梅山豚やラージブラックがもつ），*MC1R*3*はE^{P}とE^{D2}（black spotting, dominant black；大ヨークシャー，ピエトレンやハンプシャー），*MC1R*4*は*e*（uniform red；デュロック）に対応すると考えられる．ここで，黒色となる原因はL99P（99番目のアミノ酸がロイシンからプロリンに変化），褐色の原因はA240T（240番目のアミノ酸がアラニンからトレオニンに変化）の突然変異によるものとそれぞれ推定された．

b. *I*遺伝子座に対応する*KIT*遺伝子

*I*遺伝子座には，5つの対立遺伝子が知られている（I^{+}，I^{Be}，I^{d}，I^{p}および*i*）．ヨーロッパイノシシと大ヨークシャーの実験家系から，*I*遺伝子座が第8番染色体上にあり，アルブミン（albumin：*ALB*）と血小板由来成長因子レセプターα（platelet derived growth factor receptor α：*PDGFRA*）遺伝子と強く連鎖していることがわかっている．この*ALB*–*PDGFRA*–*I*遺伝子座の連鎖群は，マウスの第5番，ヒトの第4番染色体にも相同領域がある．*I*遺伝子座には*KIT*遺伝子が対応し，*KIT*遺伝子の重複により毛色が変化する．優性白色のブタでは，*KIT*遺伝子が重複し，一方の遺伝子においてイントロン17の最初の塩基がグアニン（G）からアデニン（A）に変化することで，エクソンの切り出し部位を認識できなくなり，その転写産物はエクソン17を欠失している．この切り出し部位の突然変異は，F_2家系での白色の出現に対応し，毛色の異なる品種間の比較でも白色品種にのみ観察されている．

ハンプシャーの白帯の原因も*KIT*遺伝子である．ハンプシャーとピエトレンを交配し，戻し交雑世代における白帯形質と64のマイクロサテライトマーカーとの連鎖解析を行った結果，*KIT*遺伝子が存在する第8番染色体動原体付近のS0086マーカーとの連鎖が観察された．*KIT*遺伝子の詳細な解析から，エキソン19の変異と白帯形質との分離が完全に一致し，白帯の原因は*I*遺伝子座の対立遺伝子I^{Be}であることが確認された．

9.2.3 毛色関連遺伝子を用いたブタ品種判別への応用と今後の課題

ブタの毛色は各品種に固有であるため品種の識別に有効であるが，毛色関連遺伝子の多型からは，同じ色の別品種を区別することができない欠点がある．わが国で用いられている産業上の基幹品種はおもに白色種（ランドレース，大ヨークシャー），褐色種（デュロック），六白種（バークシャー），黒地白帯種（ハンプシャー）からなるため，これらを区別することで産業上の利用は十分である．特に，バークシャー（いわゆる「黒豚」）は止雄として利用される場合もあるが，純粋品種での豚肉生産が増えているので，その識別に毛色関連遺伝子が利用されている．

ここで I 遺伝子座では，白色種は I 対立遺伝子，白帯のハンプシャーは I^{Be} 対立遺伝子，その他の有色品種は i 対立遺伝子をもっている．一方，E 遺伝子座では，白色種および六白のバークシャーでは E^{p} 対立遺伝子，褐色のデュロックでは e 対立遺伝子，黒色の梅山豚では E 対立遺伝子，黒地白帯のハンプシャーでは E^{d} 対立遺伝子をもっている．

一方，六白（バークシャー）の脚の白色と顔および尾の白色を支配している遺伝子座は E 遺伝子座とは異なるとされ，E 遺伝子座は黒色部分の面積にも関与すると考えられている．また，顔の白色を支配している He 遺伝子座に存在する遺伝子は，いまだ解明されていない．

9.3 血液型の遺伝

血液型とは，血液中に存在する抗原物質の個体変異を凝集反応や溶血反応のような抗原抗体反応によって検出し，分類した型である．血液型には，狭い意味の血液型である赤血球抗原型のほかに白血球抗原型，血清抗原型，血液中のタンパク質・酵素多型などを含んでいる．

家畜の血液型が分類され始めた当初は，1つの血液型抗原は1つの遺伝子によって支配されていると考えられたが，後にいくつかの抗原からなる複合抗原が同一の遺伝子座として検出されている例が複数座位で見つかった．このように遺伝子としては複数ありながら1つの遺伝子座によって支配されているようにみえる抗原の組をフェノグループと呼び，フェノグループを構成する個々の抗原を血液型因子と名付けている．また，同一の遺伝子座に属する遺伝子によって支配される血液型をシステムと呼んでいる．血液型の遺伝における大きな特徴は，通常優性形質として遺伝し，大部分のシステムが複対立遺伝子よりなっていることである．

9.3.1 血液型の分類

a. 赤血球抗原型

赤血球抗原型は狭い意味での血液型である．ブタの血液型は15システム，78種類の抗原が分類されている．そのうちE，LおよびMシステムは，それぞれ18，13および13種類の抗原が存在する複雑なシステムである．なおE，K，L，Mシステムなどではフェノグループが形成されている．赤血球抗原検出の手法として，凝集，溶血，クームス試験などが用いられ，A，B，E，F，G，H，I，J，K，およびLの10システムは1962年までに確立された．その後数年の間にC，D，N，M，およびOシステムが報告され，現在アルファベット順にA〜Oの15システムが確立されている．また各血液型システムにおける抗血清の作成も1970年頃まで特に盛んに行われ，現在2つの血液型因子によるシス

表 9.4 血液型システムのリスト

遺伝子座	血液型因子	対立遺伝子数
A	Ac, Ap, O	2
B	Ba, Bb	2
C	Ca	2
D	Da, Db	2
E	Ea, Eb, Ed, Ee, Ef, Eg, Eh, Ei, Ej, Ek, El, Em, En, Eo, Ep, Eq	15
F	Fa, Fb, Fc, Fd	3
G	Ga, Gb	3
H	Ha, Hb, Hc, Hd, He	7
I	Ia, Ib	2
J	Ja, Jb	3
K	Ka, Kb, Kc, Kd, Ke	6
L	La, Lb, Lc, Ld, Lf, Lg, Lh, Li, Lj, Lk, Ll, Lm	6
M	Ma, Mb, Mc, Md, Me, Mf, Mg, Mh	18
N	Na, Nb, Nc	3
O	Oa, Ob	2

テムはB，D，G，I，Oのみで，E，H，K，L，Mでは多くの複対立遺伝子を含むシステムとなっている．現在までに報告された血液型因子と対立遺伝子数について示したのが表9.4である．現在までに血液型比較試験により国際的に標準化され，名称の統一とともに，お互いのデータの比較が正しく行われるようになっている．また各血液型システムの間の遺伝的相互関係も研究され，CとJシステム，AとHシステムの連鎖が報告されている．一方，Aシステムがヒトの ABO 式血液型に対応し，ブタではB型はなく，A型が9割，O型が1割の割合で存在するといわれている．

b. 白血球（リンパ球）抗原型

ブタの白血球抗原型の報告は，1970年に皮膚移植免疫によって得た抗血清で分析したのが最初である．白血球型の分類は，主としてリンパ球細胞毒試験などによって検出されているが，抗血清の作製法やリンパ球型検査法が研究機関で著しく異なっている．最近，ゲノム解析技術を用いて，免疫能などの抗病性に関する多くの遺伝解析が行われている．

ブタのリンパ球表面に分布する抗原には SLA（swine lymphocyte antigen）があり，3つの領域（クラス）より構成されている．ブタでは第7番染色体の動原体周辺を占めており，多くの遺伝子が存在している．クラスI領域はA～Cの3座位からなり，それらに属する多数のハプロタイプが報告されている．クラスII領域は，DRおよびDQの2つの座位があり，こちらも多数のタイプが存在する．クラスIII領域は，補体成分やステロイドホルモンの合成に関与している．SLAは，ブタの主要組織適合性抗原複合体（major histocompatibility complex：MHC）であり，臓器や組織の移植の際に組織片の拒絶反応を誘発する決定的な役割を果たしている．

c. 血清抗原型

血清抗原型とは，血清アロタイプとも呼ばれ，血清中のタンパク質抗原の遺伝的変異を示している．一般には免疫グロブリンのアロタイプを意味することが多い．免疫電気泳動法により検出され，IgG，IgA，IgMのほかにリポタンパク質のアロタイプが知られている．血清アロタイプとして，γ-グロブリン，β-グロブリン，およびα-グロブリンの変異が報告されている．しかしアロタイプの抗血清については十分な国際比較試験が行われておらず，赤血球抗原型システムのように遺伝的に体系化する必要がある．また，血清リポプロテインのアロタイプのLppシステムは遺伝システムとして比較的よく確立されている．Lppシステムは，現在5つの同種抗原が発見され，対応するLpp1からLpp5の対立遺伝子が報告されている．

d.　血液タンパク質型

血液タンパク質型は，血清や赤血球を材料に電気泳動し，同種タンパク質や酵素のアミノ酸配列の違いなどにより生じた易動度の差を検出する．

ブタの血液タンパク質型の遺伝的変異は，表9.5に示す通り血清タンパク質と赤血球内の酵素の多型である．血清タンパク質は1960年代に多くの多型が順次報告された．また，赤血球中の酵素の遺伝的変異についても1970年代を中心に多くが開発された．

表 9.5　血液タンパク多型のリスト

遺伝子座		遺伝子名	対立遺伝子
血清タンパク多型	*TF*	Transferrin	*TfA, TfB, TfC, TfD, TfE*
	PA	Pre-albumin	*PaA, PaB*
	HP	Hemopexin	*Hp0, Hp1F, Hp1, Hp2, Hp3, Hp3F, Hp4*
	CP	Ceruloplasmin	*Cpa, Cpb, CpOmi*
	AMY1	Amyrase 1	*AmA, AmB, AmC, AmBF*
	AMY2	Amyrase 2	*Am2A, Am2B*
	ALB	Albumin	*Alb1A, Alb1B, Alb10*
	SA2	Slow alpha2 globulin	*Sa2A, Sa2B, Sa2C*
	T	Thread protein	*TA, TB*
	PSTA1	Post-albumin	*Psta1A, Psta1B*
	PSTA2	Post-albumin 2	*Psta2A, Psta2B, Psta2C*
	ES1	Esterase	*EsA, EsB*
	ES2	Esterase 2	*Es2D, Es2E, Es2F*
	AKP	Alkaline phosphatase	*AkpA, AkpB, AkpC, AkpD, AkpE*
赤血球タンパク多型	*6PGD*	6-phosphogluconate dehydrogenase	*6PGDA, 6PGDB*
	PHI	Phosphohexose isomerase	*PHIA, PHIB*
	PGM	Phosphoglucomutase	*PGMA, PGMB*
	ADA	Adenosine deaminase	*ADAA, ADAB, ADA0*
	ACP	Acid phosphatase	*ACPA, ACPB*
	CA	Carbonic anhydrase	*CAA, CAB*
	G6PD	Glucose-6-phosphate dehydrogenase	*G6PDA, G6PDB*
	PEPC	Peptidase C	*F0, FS*

9.3.3　新生児黄疸症に関する研究

ヒトではRh血液型の不適合による新生児の溶血性疾患が知られているが，

同様な現象がブタでも観察されている．ブタでは初生畜が初乳を摂取した後，急激に黄疸症状を呈し，1～4日のうちに死ぬことがある．これは母豚の体内に存在する抗体が初乳中に大量に分泌され，親子での血液型不適合により，吸収した抗体によって子豚の血液が破壊されることによる．本症を引き起こす特定の血液型抗原はまだ同定されていないが，単一の抗原ではなく，複数の抗原が関与しているようである．このため，複雑な遺伝様式として観察されている．

9.3.4 その他の利用

抗体産生能に遺伝的な差があることは古くから知られ，赤血球抗原の種類による抗体産生能の違いも報告されている．血液型の研究から，臓器移植時の組織適合性に限らず，免疫応答などの抗病性と関連する遺伝的情報が得られてくることが期待される．なお，同一遺伝子でも免疫応答能はウイルスなどの抗原によって異なり，ある抗原に対しては高応答を示しても別な抗原には反応しないことも知られている．血液型の抗病性に関する遺伝的関与には未解明の点が多く，ゲノム解析技術による詳細な解析が待たれるところである．

9.4 先天性奇形（遺伝性疾患）

基本的に肉用家畜であるブタにとって外部形態的な特徴はそれほど重要とはいえないが，先天性奇形を含む遺伝性疾患は重要である．遺伝的要因によるおもな疾患を表9.6に示した．これまで多くの遺伝性疾患が報告されているが，最近特にゲノム解析により原因遺伝子や遺伝的背景が解明されてきている．形態的特徴や遺伝性疾患に関する家畜のデータベースとして，Online Mendelian Inheritance in Animals（OMIA；http://omia.angis.org.au/）が公開され利用可能である．このなかにはブタに関するものも数多く含まれている．特に単一の遺伝子により発症する遺伝性疾患は遺伝病と呼ばれている．なお，先天性奇形のなかには環境要因によって起こるものもある．

出生時の先天性奇形のなかでも，鎖肛，陰嚢ヘルニア，臍ヘルニア，陰睾，間性などは一般集団において0.1％前後の頻度と報告されている．また，メラニン腫瘍，多指症，開脚症なども低頻度で発生し，品種や家系に偏ることから一定の遺伝的な寄与が推測されている．骨軟骨症や脚弱はブタの生産性に大き

表 9.6　おもな遺伝性疾患のリスト

形　質		遺伝性	致死性
毛および皮膚	上皮形成不全	単一劣性	致　死
	増殖性皮膚炎	単一劣性	半致死
	無毛（優性）	単一優性	ホモは致死／ヘテロは半致死
	無毛（劣性）	単一劣性	
	無　毛	多因子性	
	メラニン腫瘍	多因子性	
	陥没乳頭	多因子性	
骨　格	無　肢	単一劣性	致　死
	水頭症	単一劣性	半致死
	関節湾曲症	単一劣性	半致死
	口唇裂、口蓋裂	単一劣性	
	脳ヘルニア	多因子性	半致死
	蛇尾	多因子性	
神経および筋肉	後肢麻痺	単一劣性	致　死
	ダンス病	伴性劣性	半致死
	先天性神経障害	単一劣性	半致死
	ストレス症候群	単一劣性	
	開脚症	多因子性	
血液および循環器系	遺伝性リンパ肉腫	単一劣性	半致死
	血友病	伴性劣性	半致死
内分泌および代謝	新生豚呼吸困難症	単一劣性	半致死
	遺伝性くる病	単一劣性	
	軟骨発育不全矮小症	単一劣性	
	先天性ポルフィリン症	多因子性	
内部器官および生殖器	陰嚢ヘルニア	多因子性	
	臍ヘルニア	多因子性	
	潜在精巣（陰睾）	多因子性	
	鎖　肛	多因子性	半致死
	間　性	多因子性	

く影響することから，産業上問題となることがある．これらの遺伝性疾患はいずれも複数の遺伝子が関与する多因子性疾患であり，交配実験により遺伝様式の推定など遺伝学的な解析が進められているものもある．

遺伝性疾患のなかには表 9.7 に示す通り，遺伝子解析の結果，原因遺伝子が特定されたものがある．ムレ肉や酸性肉，進行性運動失調症（痙攣性麻痺），短躯症（小人症），奇形精子（短尾），高コレステロール血症，膜性増殖性糸球体腎炎，ビタミン D 欠乏性くる病，体温調節欠陥などの疾患が単一遺伝子により発症することが報告され，原因遺伝子が特定されている．

表 9.7 遺伝的解析が進んでいる遺伝性疾患

形　質	遺伝子座	原因遺伝子	遺伝子名	染色体番号
先天性四肢関節湾曲症	*AMC*	—	—	5
進行性運動失調，痙攣性麻痺	*CPA*	—	—	3
浮腫，乳仔下痢	*F18*	*FUT1*	Fucosyltransferase 1	6
乳仔下痢	*F4*（*K88*）	*MUC13*	Mucin 13, cell surface associated	13
高コレステロール血症	*HC*	*LDLR*	Low density lipoprotein receptor	2
奇形精子（短尾）	*ISTS*	*SPEF2*	Sperm flagellar 2	16
膜性増殖性糸球体腎炎	*MPGN2*	*CFH*	Complement factor H	6
体温調節欠陥	*NST*	*UCP1*	Uncoupling protein 1	8
ビタミンD欠乏性くる病	*PDDR*	*CYP27B1*	25-hydroxyvitamin D_3 1α-hydroxylase	10
ストレス症候群	*PSS*	*RYR1*	Ryanodine receptor 1	6
酸性肉	*RN*	*PRKAG3*	Protein kinase, AMP-activated, γ 3 non-catalytic subunit	15
短躯症	*SMCD*	*COL10A1*	Collagen type X α 1	1

一方，複数の遺伝子が関与する遺伝性疾患でも発症ブタによる交配実験が行われ，遺伝的解析が進められている．鎖肛では，複数の遺伝子が発症に関与すること，そのうち第15番染色体上のDNAマーカーが発症と強く関連することを報告している．また，臍ヘルニアは第13番染色体，陰睾は第2番染色体上のDNAマーカーと関連することが報告されている．さらに，脊柱彎曲症でも，複数の染色体上の遺伝子が関与することが報告されている．一方，間性の原因は複数あり，単一の遺伝子により発症するものの，常染色体上の遺伝子が原因の場合（遺伝子は未解明）と，染色体異常による場合がある．染色体異常では，第9番染色体の逆位や性染色体のトリソミー（X染色体を2本とY染色体をもつ）による発症が報告されている．メラノーマでは，ヒトの疾患モデルとして遺伝学的に解析され，第6番染色体上の毛色関連遺伝子であるMC1R遺伝子のほかに，いくつかの染色体上のDNAマーカーとの関連が示唆されている．

9.5 染色体数と異常

ブタの染色体は18対の常染色体と2本の性染色体の合計38本よりなる．ブタおよびアジア系イノシシでは38本であるが，ヨーロッパイノシシの一部は36本であり，このため36，37，38と本数が違う種類もいる．

染色体異常は染色体の数の異常と形態の異常とに大別される．まず，数の異常として正常の $2n$ でなく，$3n$ または $4n$ になった倍数体（polyploidy）がある．また，$2n$ の染色体のうち 1〜2 本の染色体が欠けたり，または余分に存在したりする場合もある．このようなものを異数体（aneuploidy）という．形態的異常としては，欠失，逆位，転座などがある．このうち転座が比較的多く観察される．特に，端部着糸型の 2 つの染色体が着糸点融合して生じたロバートソン型転座は遺伝にあまり影響を及ぼさないので，しばしば観察されている．ヨーロッパイノシシの染色体数の減少は，ロバートソン型転座によるものである．ブタにおける染色体異常についての報告は少ないが，流・死産した胎児ではかなりの高率で染色体異常が観察され，主として数的な異常が多い．

9.6 形質に関与する遺伝子の特定と育種へのゲノム情報の活用

9.6.1 形質に関与する遺伝子の特定

形質に関与する遺伝子を単離する方法には，基本的にファンクショナルクローニングとポジショナルクローニングの 2 通りある．ファンクショナルクローニング法は候補遺伝子解析とも呼ばれ，遺伝子の機能から当該形質に関与すると推測される候補遺伝子を選定し，その遺伝子を詳細に解析し形質との関連を検討する方法である．この方法は，ある程度形質に関する研究が進展していることが条件となり，繁殖，生理，栄養，獣医学等の育種以外の研究分野の蓄積が不可欠である．

ポジショナルクローニング法は，一般的には候補となる遺伝子の推定ができない形質について利用され，遺伝子地図上の位置に基づいて未知の遺伝子を単離する方法である．この第一歩は，遺伝統計学的手法を用いて形質に関与する遺伝子が存在するおよその位置を特定すること（遺伝子マッピング）で，QTL（量的形質遺伝子座）解析とも呼ばれる．これには，多数の遺伝マーカーと詳細な遺伝子地図および当該形質データをもつ解析集団が必要となる．

遺伝子マッピングは，形質に関与する遺伝子の位置を検索する段階であり，実際の育種集団を用いた場合には，解析結果は得られにくいが，検出された結果（連鎖する DNA マーカー情報）は育種的利用が可能である．一方，極端に能力の異なる品種の組合せによる実験家系を用いた場合は，解析結果は比較的容易に得られるが，ただちに実用的利用（純粋種での選抜等）はできない．形質に関与する遺伝子と単一のマーカーとの関連性（連鎖）は，基本的には形質情報とマーカーの遺伝子型情報から分散分析法や回帰分析法などにより判定し，複数のマーカーからなる連鎖地図を利用したインターバルマッピング法が一般に用いられている．

遺伝子マッピングの手法は，近年の DNA チップ技術の実用化などにより大きな進歩をとげている．さまざまな手法が開発されているが，大きく連鎖解析と連鎖不平衡を利用した解析に分けられる．それぞれの解析手法の特徴を表 9.8 に示す．連鎖解析は形質データをもつ血縁家系を用い，家系内における親子の遺伝においてマーカー情報と形質情報との連鎖に着目して染色体領域を絞り込む手法であり，遺伝様式を仮定するかしないかで 2 つに分けられる．一方，連鎖解析以外の解析手法のほとんどは連鎖不平衡を利用した手法であり，それゆえ連鎖解析に比べ多数のマーカーを必要とする．

表 9.8　各遺伝的解析手法の特徴

解析手法	適する対象集団	検出力	検体の集めやすさ	集団の構造化	陽性領域
連鎖解析パラメトリック	大規模血縁家系	最小	極難	最小	広い
連鎖解析ノンパラメトリック	複数の小規模血縁家系	小	難	小	広い
遺伝歪み解析	多数の小規模血縁家系	中	中	小	狭い
連鎖不平衡解析	試験群と対照群	大	易	中	狭い
関連解析	試験群と対照群	最大	極易	大	狭い
家系内関連解析	血縁のある試験群と対照群	最大	中	大	狭い

ブタの QTL 解析は，1994 年の野生イノシシおよび大ヨークシャーからなる品種間交雑集団を用いた報告が最初である．今日では，遺伝的に異なる 2 品種間の交雑により作出された品種間交雑集団（たとえば，野生イノシシや中国由来豚のような地域特有の集団とヨーロッパ由来豚集団との交雑集団）を主として用いた QTL 解析が行われている．そして，593 の形質について 6344 の QTL が 281 の論文として公表され（2011 年 5 月現在），そのうちのいくつかの形質については責任遺伝子が特定されるに至っている．ブタについては，これまでに QTL 解析により特定された責任遺伝子の例として，ハンプシャー特有の酸性肉に影響を与える *PRKAG3* 遺伝子，筋肉の成長に関してインプリンティング効果を示す *IGF2* 遺伝子，椎骨数に影響を与える *NR6A1* 遺伝子および *VRTN*

遺伝子，などが報告されている．

ゲノム情報の家畜育種への活用については，マーカーアシスト遺伝子導入，マーカーアシスト選抜，ゲノム選抜などの方法がある．これらについては次章10.4節を参照されたい．

9.6.2　遺伝病とDNA診断

QTLに関する遺伝子情報の育種改良への応用はまだ端緒についたばかりであるが，その一方で，遺伝子の情報が実際の家畜の育種で利用されているものに遺伝病のDNA診断がある．

家畜育種の現場では，遺伝病などの不良遺伝子が問題になる．特にそれが劣性遺伝子の場合，これまでは後代検定によって保因の有無を判断しなければならなかった．しかし，遺伝病はその原因遺伝子や遺伝子と強く連鎖するDNAマーカーを明らかにすることができれば，病気の発症に関係なく原因遺伝子の保有の有無を判定することができ，当該世代で選抜することが可能となる．比較的単純な遺伝様式を示す遺伝病についてはすでに遺伝子解析が進んでおり，DNA診断法も開発されてきている．具体例としてはブタのストレス感受性症候群（PSS）があり，*RYR1*遺伝子のDNA診断により保因個体の淘汰が進められている．

〔小林栄治〕

参 考 文 献

Eveline, M. *et al*. (2008)：A critical analysis of disease-associated DNA polymorphisms in the genes of cattle, goat, sheep, and pig. *Mammmalian Genome*, **19**：226-245.

Eveline, M. *et al*. (2008)：A critical analysis of production-associated DNA polymorphisms in the genes of cattle, goat, sheep, and pig. *Mammalian Genome*, **19**：591-617.

Hu, Z-L., Fritz, E.R., Reecy, J.M. (2007)：AnimalQTLdb: a livestock QTL database tool set for positional QTL information mining and beyond. *Nucleic Acid Research*, **35**：D604-609.

奥村直彦・三橋忠由（2001）：ブタの毛色と毛色関連遺伝子．*Animal Science Journal*, **72**：J524-J535.

大石孝雄（1979）：豚の血液型および生化学的遺伝形質の育種・遺伝学的利用．日畜会報，**50**：345-355.

Rothschild, M. (ed.) (2011)：*Genetics of the Pig* (*2nd Edition*), CAB International.

10. ブタの育種改良

野性のイノシシからブタへの家畜化は考古学的なデータによると約１万年前に始まったといわれる．家畜ブタの明確な遺伝的改良が行われるようになったのは数世紀ほど前からである．初期の遺伝的改良は経験的な方法や，無意識の選抜によったと思われるが，メンデルの法則の発見と科学原理としての遺伝学の発展の後，より科学的に行われるようになった．近年のブタの育種改良は，コンピュータ技術の進歩による統計遺伝学的な計算手法の発展とバイオテクノロジー技術の発展により，急速に産業として進展してきている．

10.1 ブタの育種改良の原理

10.1.1 分散分析による分散成分の推定

ブタの育種改良の対象となる産肉形質（成長の早さ，脂肪と赤肉割合，飼料利用性など），肉質（保水性，肉色，筋肉内脂肪，柔らかさなどの物理的特性など），繁殖形質（分娩産子数，離乳時子豚体重，受胎率など），強健性（脚弱，抗病性）などは，メンデルの遺伝の法則に従い表現型が特定の遺伝子座の遺伝子型によって決定される形質（血液型，毛色など）とは異なり，連続変異を示し量的形質と呼ばれる．これらの形質は１つ１つの効果は小さいが数多くの遺伝子（ポリジーン）により支配されていると考えられる．そこで，統計遺伝学的手法により観測値データの全分散を遺伝的変異と環境変異の成分に分離し，さらに個々の遺伝子座の遺伝子の作用を相加的遺伝子効果と優性効果，母性遺伝効果に分割して，遺伝分散と環境分散の関数として遺伝率を推定する．

遺伝率（heritability）はある形質の表型分散に対する遺伝分散の比で定義され，その形質がどの程度遺伝的かを示す最も重要な概念であり，動物の遺伝的能力を示す育種価推定にも使われる．

表 10.1 分散分析表

変動要因	自由度	平方和	平均平方	平均平方の期待値
種雄豚間	$s-1$	$\frac{1}{dn}\sum(\text{雄豚和})^2-CF$	MS_s	$\sigma_\mathrm{e}^2+n\sigma_\mathrm{d}^2+nd\sigma_\mathrm{s}^2$
種雄豚内雌豚間	$s(d-1)$	$\frac{1}{n}\sum(\text{雌豚和})^2-CF-\text{雄豚}\,SS$	MS_d	$\sigma_\mathrm{e}^2+n\sigma_\mathrm{d}^2$
種雌豚内	$sd(n-1)$	差	MS_e	σ_e^2
(計)	$sdn-1$	$\sum x^2-CF$		

遺伝率推定のため，今，s 頭の種雄豚が d 頭の種雌豚に交配され，1 頭の雌豚あたり n 頭の子豚があるとする．そうすると，合計 sdn 頭の子豚が存在する．子豚のある測定値についての全分散を種雄豚間，種雄豚内雌豚間，種雌豚内の分散成分に分割するため分散分析法により表 10.1 の分散分析表が得られる．

表 10.1 において平方和の CF（補正項）は，観測値 X の和の平方を次のように観測数で割って求められる．

$$CF=\left(\sum(X)^2/sdn\right)$$

雄豚間平均平方（MS_s），雄豚内母親間平均平方（MS_d），雌豚内平均平方（MS_e）とそれらの期待値が等しいとすると，推定された分散成分は次のようになる．

雄豚間分散　$\sigma_\mathrm{s}^2=(MS_\mathrm{s}-MS_\mathrm{d})/nd$

雌豚間分散　$\sigma_\mathrm{d}^2=(MS_\mathrm{d}-MS_\mathrm{e})/n$

残差分散　$\sigma_\mathrm{e}^2=MS_\mathrm{e}$

これらの分散成分は，次のような分散成分の関数を計算するために使われる．

表現型分散　$\sigma_\mathrm{P}^2=\sigma_\mathrm{e}^2+\sigma_\mathrm{d}^2+\sigma_\mathrm{s}^2$

半きょうだい相関　$t_\mathrm{HS}=\sigma_\mathrm{s}^2/\sigma_\mathrm{P}^2$

全きょうだい相関　$t_\mathrm{FS}=(\sigma_\mathrm{s}^2+\sigma_\mathrm{d}^2)/\sigma_\mathrm{P}^2$

なお，上で「きょうだい」とは両親のいずれかが同じである兄弟姉妹，あるいはその組合せをさし，動物育種の分野ではひらがなで表記することがよく行われる．「半きょうだい」とは片親が共通，「全きょうだい」とは両親が共通ということである．

10.1.2 分散成分による遺伝率の定義

ところでブタの体重，皮下脂肪厚などの観察できる測定値としての表現型（P）は，ブタ自身の遺伝的能力である遺伝子型（G）と農場などの環境効果（E）により影響される．

$$P = G + E$$

測定された表現型（P）の分散（σ^2_{P}）は，遺伝子型分散（σ^2_{G}）と環境分散（σ^2_{E}）の合計として表すことができる．

$$\sigma^2_{\mathrm{P}} = \sigma^2_{\mathrm{G}} + \sigma^2_{\mathrm{E}}$$

遺伝率（h^2）は表型分散に対する遺伝分散の割合として表される分散の比であり，

$$h^2 = \frac{\sigma^2_{\mathrm{G}}}{\sigma^2_{\mathrm{P}}}$$

として定義される．これは，広義の遺伝率といわれる．

さらに遺伝子型は相加的遺伝子効果 A，母性遺伝効果 M と優性効果 D に分割でき，環境効果は共通環境効果 E_{C} と一般環境効果 E_{T} に分けられる．

$$P = \underbrace{A + M + D}_{\text{遺伝}} + \underbrace{E_{\mathrm{C}} + E_{\mathrm{T}}}_{\text{環境}}$$

相加的遺伝子効果 A とは，各遺伝子座における 1 対の対立遺伝子の遺伝子効果の総和，つまり遺伝子の平均効果の合計である．母性遺伝効果 M，優性効果 D は，それぞれ子供の表現型値に及ぼす雌豚の表現型の影響，ある遺伝子座における対立遺伝子間の優性による効果である．共通環境効果とは，全きょうだい個体が同じ環境を共有するために生じる全きょうだいの類似性を増加させる効果である．一般環境効果は栄養，管理条件等のように個体間差を生む要因である．

したがって，相加的遺伝分散は，母性／共通環境，優性効果および環境分散に分割される．

$$\sigma^2_{\mathrm{G}} = \sigma^2_{\mathrm{A}} + \sigma^2_{\mathrm{M}} + \sigma^2_{\mathrm{D}} + \sigma^2_{\mathrm{E}}$$

そして，$h^2 = \sigma^2_{\mathrm{A}}/\sigma^2_{\mathrm{P}}$ で定義される比は狭義の遺伝率と呼ばれる．

分散分析により推定した種雄豚，種雌豚および残差分散成分（σ^2_{s}，σ^2_{d} および σ^2_{e}）は，表現型に対する遺伝と環境の寄与の差を数量化するために使う．ここで，父親分散成分は相加的遺伝分散の 1/4 を，母親分散成分も相加的遺伝分散の 1/4 を含む．しかし，母性遺伝効果，優性効果の 1/4 と共通環境効果は，すべて種雌豚分散成分に含まれる．したがって，母性遺伝と共通環境効果が組み合わされ，優性分散がゼロとすると，表現型分散（σ_{P}^2）は，相加的遺伝分散（σ_{A}^2），母性/共通環境（σ_{M}^2）および環境分散（σ_{E}^2）の合計となる．

$$\sigma_{\mathrm{P}}^2=\sigma_{\mathrm{A}}^2+\sigma_{\mathrm{M}}^2+\sigma_{\mathrm{E}}^2$$

相加的遺伝分散，母性分散と環境分散のそれぞれについて，種雄豚（σ_{s}^2）と種雌豚（σ_{d}^2）および残差（σ_{e}^2）に関する分散成分をそれらの期待値と等しいと置いて次の推定値が得られる．

$$\sigma_{\mathrm{s}}^2=\frac{1}{4}\sigma_{\mathrm{A}}^2,\quad \text{よって}\quad \sigma_{\mathrm{A}}^2=4\sigma_{\mathrm{s}}^2$$

$$\sigma_{\mathrm{d}}^2=\frac{1}{4}\sigma_{\mathrm{A}}^2+\sigma_{\mathrm{M}}^2,\quad \text{よって}\quad \sigma_{\mathrm{M}}^2=\sigma_{\mathrm{d}}^2-\frac{1}{4}\sigma_{\mathrm{A}}^2=\sigma_{\mathrm{d}}^2-\sigma_{\mathrm{s}}^2$$

$$\sigma_{\mathrm{e}}^2=\sigma_{\mathrm{P}}^2-(\sigma_{\mathrm{s}}^2+\sigma_{\mathrm{d}}^2)=\sigma_{\mathrm{A}}^2+\sigma_{\mathrm{M}}^2+\sigma_{\mathrm{E}}^2-\frac{1}{4}\sigma_{\mathrm{A}}^2-\frac{1}{4}\sigma_{\mathrm{A}}^2-\sigma_{\mathrm{M}}^2=\sigma_{\mathrm{E}}^2+\frac{1}{2}\sigma_{\mathrm{A}}^2,$$

$$\text{よって}\quad \sigma_{\mathrm{E}}^2=\sigma_{\mathrm{e}}^2-2\sigma_{\mathrm{s}}^2$$

ここで，後代のすべてが半きょうだいだとすると，種雌豚はモデルには含まれない．そして，種雄豚と残差分散成分推定値は相加的遺伝分散と環境分散に等しいと置かれる．

$$\sigma_{\mathrm{s}}^2=\frac{1}{4}\sigma_{\mathrm{A}}^2,\quad \sigma_{\mathrm{A}}^2=4\sigma_{\mathrm{s}}^2$$

$$\sigma_{\mathrm{e}}^2=\sigma_{\mathrm{P}}^2-\frac{1}{4}\sigma_{\mathrm{A}}^2=\sigma_{\mathrm{E}}^2+\frac{3}{4}\sigma_{\mathrm{A}}^2,\quad \sigma_{\mathrm{E}}^2=\sigma_{\mathrm{e}}^2-3\sigma_{\mathrm{s}}^2$$

遺伝率は，表現型分散中に占める相加的遺伝分散の割合と定義される．高い遺伝率は，表現型分散のかなりの割合が相加的遺伝分散によることを示している．さらに，遺伝率は，相加的遺伝分散と表現型分散の推定値から，あるいは半きょうだい相関（t_{HS}）や全きょうだい相関（t_{FS}）の推定値からも推定される．種雄豚分散成分の期待値は相加的遺伝分散の 1/4 なので，

$$h^2=4\frac{\sigma_{\mathrm{s}}^2}{\sigma_{\mathrm{P}}^2}=4t_{\mathrm{HS}}$$

となる．

10.1.3 遺伝子の作用

量的形質は多数の遺伝子により支配されると仮定するが，比較的効果の大きい遺伝子などが近年明らかになってきた．そこで，こうした遺伝子の効果の大きさを推定する方法について解説する．

a. 遺伝子頻度と値（表現型値，遺伝子型値）との関係

いま集団中の1つの遺伝子 A_1 と対立遺伝子 A_2 の遺伝子頻度をそれぞれ p, q と仮定（$p+q=1$）し，A_1A_1，A_1A_2，A_2A_2 の遺伝子型値をそれぞれ a，d，$-a$ とする．A_1A_1 と A_2A_2 の遺伝子型値の中間を0とすると遺伝子型と遺伝子型値の関係は図10.1のように表される．遺伝子型 A_1A_2 の遺伝子型値である d は優性の程度を示す．遺伝子頻度と遺伝子型値を乗じた値が集団中の各遺伝子型値の大きさとなる（表10.2）．

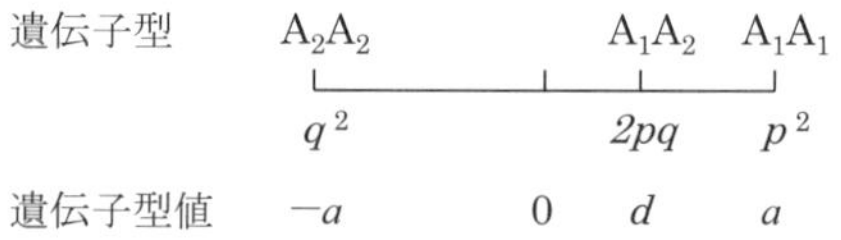

図 10.1 遺伝子型と遺伝子型値の関係

表 10.2 遺伝子型，遺伝子頻度，遺伝子型値の関係

遺伝子型	遺伝子頻度	値	頻度×値
A_1A_1	p^2	a	p^2a
A_1A_2	$2pq$	d	$2pqd$
A_2A_2	q^2	$-a$	$-q^2a$

さらに，全個体の遺伝子型値の合計は，

$$M=p^2a+2pqd-q^2a=a(p^2-q^2)+2pqd=a(p-q)+2pqd$$

となり，これは遺伝子型値の集団平均値であり，同時に表現型値の集団平均値にもなる．

ここで，

$a(p-q)$：ホモ接合体に起因する部分，

$2pqd$：ヘテロ接合体に起因する部分，

$d=0$（無優性）なら，$M=a(p-q)=a(1-2q)$，

$d=a$（完全優性）なら，$M=a(p-q)+2pqa=a(p-q+2pq)=$

$a\{1-q-q+2(1-q)q\}=a(1-2q+2q-2q^2)=a(1-2q^2)$．

遺伝子が相加的とすると，いくつかの遺伝子座の効果による集団平均値は個々の遺伝子座の集団平均の和となる．

$$M = \sum a(p-q) + 2\sum pqd$$

b. 遺伝子の平均効果

集団の親から子へ伝達される値について，親は子へ遺伝子は伝えるが，遺伝子型は伝えない．したがって，遺伝子型値ではなく，遺伝子の効果を求める必要がある（遺伝子に関する値＝遺伝子の平均効果（average effect），または遺伝子置換の平均効果ともいう）．遺伝子の平均効果により個体が次世代に伝える値（育種価）を定義することができる．ここで，平均効果は遺伝子型値（a, d）と遺伝子型頻度（p, q）により影響される．

A_1 遺伝子をもつ多数の配偶子を集団中から無作為に抽出した配偶子と結合させたとき，遺伝子型の平均値は集団平均値から A_1 遺伝子の平均効果だけ偏っている．つまり，ある遺伝子の平均効果は，無作為交配の集団においてその遺伝子が別の親から由来した遺伝子と結合して形成する遺伝子型値の平均（M_{A_1}）の集団平均（M）からの偏差と定義される．

$$A_1 \text{ 遺伝子の平均効果} = M_{A_1} - M$$

A_1 をもつ配偶子が集団から無作為に抽出された配偶子と結合するとき，A_1A_1 のできる頻度は p，A_1A_2 のできる頻度は q となる．A_1A_1，A_1A_2 の遺伝子型値は $+a$，d であり，これらの平均値は $pa+qd$ となる．この平均値と，集団平均値との差が A_1 遺伝子の平均効果である．したがって，A_1 遺伝子の平均効果（α_1）は，

$$pa + qd - [a(p-q) + 2dpq] = q[d + a - 2dp] = q[a + d(1-2p)]$$
$$= q[a + d(q-p)]$$

A_2 遺伝子の平均効果（α_2）は，

表 10.3 遺伝子の平均効果

配偶子の型	遺伝子の値と頻度			生じた遺伝子型の平均値	推論される集団平均値	遺伝子の平均効果
	A_1A_1	A_1A_2	A_2A_2			
	a	d	$-a$			
A_1	p	q		$pa+qd$	$[a(p-q)+2dpq]$	$q[a+d(q-p)]$
A_2		p	q	$-qa+pd$	$[a(p-q)+2dpq]$	$-q[a+d(q-p)]$

$$-qa+pd-[a(p-q)+2dpq]=-p[a-d+2dq]=-p[a+d(q-p)]$$

となる（表 10.3）.

2 つの対立遺伝子の平均効果の差（A_1 遺伝子と A_2 遺伝子の遺伝子置換の平均効果）は,

$$\alpha_1-\alpha_2=q[a+d(q-p)]+p[a+d(q-p)]=(p+q)[a+d(q-p)]$$
$$=a+d(q-p)=\alpha$$

となる. したがって, $\alpha_1=q\alpha$, $\alpha_2=-p\alpha$ となる.

c. 育種価

平均効果は, 親から子へ伝えられる遺伝子の効果だが, 親の遺伝子の平均効果が子の遺伝子型値の平均値を決定する. 子の測定値として測定できる親の価値のことを育種価（breeding value）という. A_1 遺伝子をもつある個体の育種価は,（子の平均値－集団平均）×2 で推定される. 2 倍するのは, A_1 の親は, 自分の遺伝子の半分だけを子に伝え, 残りの半分は集団中の他の親から伝えられるからである. 平均効果により個体の育種価を定義すると, 育種価とはその個体のもつ遺伝子の平均効果の和, すなわち各遺伝子座上の 2 つの対立遺伝子の平均効果の和を全遺伝子座について足したものに等しい. ここで, ハーディ–ワインベルグ平衡（集団中の対立遺伝子 A_1 と A_2 の遺伝子頻度を p, q とすると遺伝子型 A_1A_1, A_1A_2, A_2A_2 の頻度は p^2, $2pq$, q^2 となる状態のこと）の集団では, 育種価の平均＝0 となる.

表 10.4 遺伝子型と育種価との関係

遺伝子型	育種価	遺伝子型頻度
A_1A_1	$2\alpha_1=2q\alpha$	p^2
A_1A_2	$\alpha_1+\alpha_2=(q-p)\alpha$	$2pq$
A_2A_2	$2\alpha_2=-2p\alpha$	q^2

3 つ以上の対立遺伝子をもつ遺伝子座への拡張も同じと考える. ある遺伝子型の育種価とはそれらがもつ 2 つの対立遺伝子の平均効果の和, 個々の遺伝子座に関する育種価の和となる.

以上の育種価の定義は平均効果を用いた理論的な定義だが, 次項では子の測定値を用いた実際的な定義について説明する.

10.1.4　育種価の予測

a.　ブタのある形質について1回だけの測定値をもつ場合

予測育種価あるいは相加的遺伝的価値の予測値 A は，個体の表現型 P に対するその育種価 A の回帰係数により推定される．

個体に関する1つの測定値を用いると，表型値に対する相加的な遺伝的価値の回帰係数は遺伝率となる．これは

$$b_{\mathrm{AP}}=\frac{\sigma_{\mathrm{AP}}}{\sigma_{\mathrm{P}}^2}=\frac{\sigma_{\mathrm{A}}^2}{\sigma_{\mathrm{P}}^2}=h^2$$

となるからである．

相加的遺伝分散（A）と非相加的遺伝的効果（非 A）との間および A と環境効果（E）との間の共分散をそれぞれゼロと仮定すると，相加的な遺伝的価値と表型値間の共分散は相加的遺伝分散に等しくなる．

$$\mathrm{cov}(A,P)=\mathrm{cov}(A,G+E)=\mathrm{cov}(A,A+\text{非}A+E)=\mathrm{var}(A)$$

個体の予測育種価は，$(A-A_{\mathrm{POP}})=h^2(P-P_{\mathrm{POP}})$ となる．ここで，P_{POP} と A_{POP} は集団の表型平均値と相加的な遺伝的価値の平均値である．A_{POP} の値はゼロとおけるので，個体の予測育種価は $A=h^2(P-P_{\mathrm{POP}})$ となる．

b.　個体あたり反復した測定値をもつ場合

個体に対して数回の測定が行われるとき，予測育種価は n 回の測定値平均 P に対する相加的な遺伝的価値の回帰係数から決定できる．回帰係数は，遺伝子型と n 回の表型測定値平均間の共分散と，n 回の測定値平均の分散の両方から導かれる．

最初に，相加的な遺伝的価値と n 回の測定値平均間の共分散は，相加的な遺伝的価値と1つの測定間の共分散，つまりそれは相加的遺伝分散 σ_{A}^2 に等しい．

$$\mathrm{cov}(A,P)=\mathrm{cov}\left(A,\frac{1}{n}\sum_{i=1}^{n}P_i\right)=\frac{1}{n}\sum_{1}^{n}\mathrm{cov}(A,P_i)=\mathrm{cov}(A,P)=\sigma_{\mathrm{A}}^2$$

ここで，n 回測定値の平均の分散は，

$$\left[\frac{1+(n-1)r_{\mathrm{e}}}{n}\right]\sigma_{\mathrm{P}}^2$$

となる．ここで，r_{e} は測定値の反復率である．個体あたり n 回反復測定された観測値の平均の表型分散は，その形質の表型分散より小さくなる．したがって，測定値の平均についての遺伝率は，個体あたり1つの測定値がとられた場合の

遺伝率に比べ，高くなる．これは，1 回の測定値の場合に比べて，測定値の平均についての表型分散のなかで遺伝分散が大きな部分を占めるからである．よって，n 回測定値の平均に対する遺伝子型の回帰係数は

$$b_{\mathrm{AP}}=\left[\frac{n}{1+(n-1)r_{\mathrm{e}}}\right]\frac{\sigma_{\mathrm{A}}^2}{\sigma_{\mathrm{P}}^2}=\left[\frac{nh^2}{1+(n-1)r_{\mathrm{e}}}\right]$$

となる．さらに，n 回の測定値をもつ個体の育種価の予測値は

$$A=b_{\mathrm{AP}}=\left[\frac{nh^2}{1+(n-1)r_{\mathrm{e}}}\right](\bar{P}-\bar{P}_{\mathrm{POP}})$$

となる．

10.1.5 血縁個体からの情報による育種価推定

a. きょうだいからの情報

ブタは一腹のきょうだい数が多い．このきょうだいの測定値は個体の反復測定値に匹敵する．そのため，血縁個体における測定値は，個体の予測育種価に対し，1 つの情報源となる．ある個体の育種価を n 頭のきょうだいの測定値から予測するには，きょうだい測定値の平均に対する個体育種価の回帰係数を必要とする．n 個の測定値に関する平均の分散は

$$\left[\frac{1+(n-1)t}{n}\right]\sigma_{\mathrm{P}}^2=\left[t+\frac{1-t}{n}\right]\sigma_{\mathrm{P}}^2$$

となる．ここで，t は反復率またはきょうだい間の相関係数である．回帰係数の計算は個体育種価ときょうだい測定値の平均との間における共分散を必要とする．この共分散は，どのきょうだい個体が測定されたか，また育種価を得ようとしている個体の測定値があるかないかによって違ってくる．したがって，それぞれの場合に分けて考えなければならない．

たとえば，n 頭のきょうだい測定値に対する個体育種価の回帰係数は，r を個体とその血縁個体間の遺伝的関係を表すとすると，

$$\mathrm{b}_{\mathrm{A\bar{S}}}=\frac{r\sigma_{\mathrm{A}}^2}{\left[\frac{1+(n-1)t}{n}\right]\sigma_{\mathrm{P}}^2}=\frac{nrh^2}{1+(n-1)t}$$

となり，個体の予測育種価は

$$A=b_{\mathrm{A\bar{S}}}(\bar{S}-\bar{P}_{\mathrm{POP}})$$

となる．ここで $\bar{S}$ は n 頭のきょうだい測定値平均，$\bar{P}_{\mathrm{POP}}$ は表現型値の集団平均である．

b. 後代からの情報による育種価推定

後代の情報も個体の育種価を予測するために用いられる．後代検定による情報は，繁殖能力や屠体構成におけるデータを集めるのに用いることができる．後代平均 $\bar{P}$ の分散は，ちょうど n 個の測定値平均の分散となり，それは

$$\mathrm{var}(\bar{P}) = \left[\frac{1+(n-1)t}{n}\right]\sigma_{\mathrm{P}}^2$$

となる．

n 頭の半きょうだいである後代個体についての測定値平均に対する予測育種価の回帰係数は

$$b_{\mathrm{A\bar{P}}} = \frac{\frac{1}{2}r\sigma_{\mathrm{A}}^2}{\frac{1+(n-1)t}{n}\sigma_{\mathrm{P}}^2} = \frac{nrh^2}{1+(n-1)t}$$

となる．ここで，$r=1/2$ となるので，個体の予測育種価 $\hat{A}$ は

$$\hat{A} = b_{\mathrm{A\bar{P}}}(\bar{P} - P_{\mathrm{POP}})$$

である．

c. 両親からの情報による育種価推定

個体の育種価は

$$\hat{A} = \frac{1}{2}(\hat{A}_{\mathrm{s}} + \hat{A}_{\mathrm{d}})$$

のように，その両親の予測育種価からも推定することができる．ここで $\hat{A}_{\mathrm{s}}$ と $\hat{A}_{\mathrm{d}}$ はそれぞれ父と母の予測育種価である．

10.1.6 選抜の原理

ブタの育成集団のある形質について測定値から育種価を推定し，これに従って順位付けをして上位個体からある一定割合の個体を種豚として選抜する．交配後，生まれてくる後代と親世代の予測遺伝的価値の差として選抜反応の予測が可能となる．ここでは選抜反応の予測方法について説明する．

a. 選抜差

選抜に対する反応の予測値は，選抜される個体の割合（選抜割合）と表型値

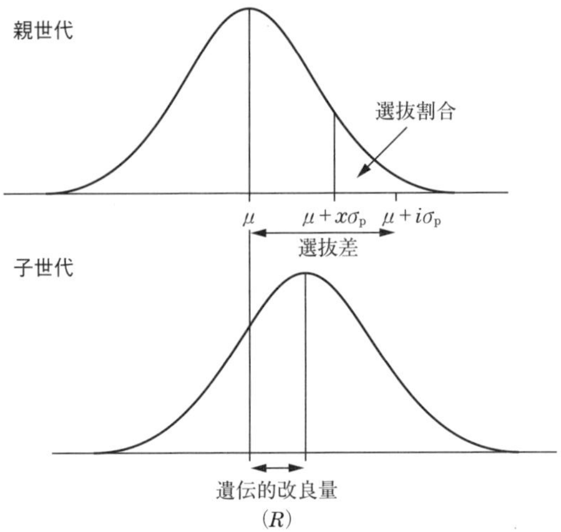

図 **10.2** 親世代の選抜と子世代の遺伝的改良量

に対する相加的遺伝的価値の回帰係数（遺伝率）の両方に依存する．表型値である測定値が正規分布し，分布の端にある個体群が p の割合で選抜されたと仮定する．その結果，選抜個体の中で最も低い表型値をもつ個体が x 表型標準偏差単位，つまり $x\sigma_P$ だけ親世代の平均の表型値を越えている．選抜された個体の表型値平均 $\mu+i\sigma_P$ と，親世代の平均表型値 μ との偏差は $i\sigma_P$ である．パラメータ i と x は，標準化された選抜差および切断点と定義される．選抜割合 p の値に対する i と x の値は正規分布表から得ることができる．選抜差（selection difference：SD）を標準偏差 σ_P で除した値（SD/σ_P）が標準化選抜差 i となるので，$SD/\sigma_P=i$ となる．

b.　選抜反応

選抜反応 R は，後代と親世代の平均表型値間の差であるが，選抜差 SD と表現型分散に対する遺伝子型分散の回帰係数がわかっていると予測することができる．各個体が 1 つの測定値をもつとすると回帰係数は遺伝率になり，選抜反応は，$R=h^2SD=ih^2\sigma_P$ である．

各個体について n 回の測定値があると，個体は n 回の測定値の平均に基づき選抜されるから，選抜差は表型標準偏差ではなく $\sigma_{\bar{P}}$ に関して測定される．n 回測定値の分散は

$$\left[\frac{1+(n-1)r_{\mathrm{e}}}{n}\right]\sigma_{\mathrm{P}}^{2}$$

なので，選抜反応は

$$R_{\mathrm{n}}=b_{\mathrm{A\bar{P}}}SD=\left[\frac{nh^{2}}{1+(n-1)r_{\mathrm{e}}}\right]i\sigma_{\mathrm{\bar{P}}}=ih^{2}\sigma_{\mathrm{P}}\sqrt{\frac{n}{1+(n-1)r_{\mathrm{e}}}}$$

となる．したがって，標準化選抜差 i，表型分散の平方根，遺伝率がわかれば，選抜反応が予測できる．

10.1.7 選抜指数法による複数形質の改良

ブタの実際の育種改良は，発育，産肉能力，肉質形質，繁殖形質などいくつかの経済形質を同時にバランスを取りながら行う必要がある．Hazel（1943）は個体の遺伝的価値を予測するために，複数の情報源から得た情報を組み合わせる方法を開発した．その情報源はさまざまな血縁個体についての単一形質の情報，または同一個体についての複数形質の情報である．任意の選抜目標のために選抜基準を決定する方法は選抜指数法と呼ばれている．

選抜目標と選抜基準

いくつかの改良形質があり，それらを $Y_1, Y_2, \cdots, Y_n$ とし，それら形質の経済的価値をそれぞれ $a_1, a_2, \cdots, a_n$ とする．経済的目標はすべての形質を改良することなので，形質とその経済的価値を組み合わせて選抜目標となる．すなわち

$$選抜目標\ (H)=a_1Y_1+a_2Y_2+\cdots+a_nY_n$$

である．選抜目標 H は，行列表記では $\boldsymbol{a}'\boldsymbol{Y}$ と表される．

一方，個体の育種価を予測するために測定した形質を $X_1, X_2, \cdots, X_m$ とする．測定した形質を組み合わせて個体の選抜指標とする．そして選抜指標，すなわち選抜基準は次式のようになる．

$$選抜基準\ (I)=b_1X_1+b_2X_2+\cdots+b_mX_m$$

選抜基準 I は行列表記で $\boldsymbol{b}'\boldsymbol{X}$ と表される．

選抜基準（I）に基づく選抜によって，選抜目標（H）の反応を最大にする選抜基準係数（b）が選抜指数法によって決定される．選抜目標と選抜基準のいずれにも複数の形質が含まれているので，形質の分散に関する情報ならびに表現型と遺伝子型についての形質間の関係に関する情報が必要となる．その情報は次の3つの行列の中に含まれる．

$\boldsymbol{P}$：選抜基準形質の表型分散共分散行列

$\boldsymbol{G}$：選抜目標形質と選抜基準形質の間の遺伝共分散行列

$\boldsymbol{C}$：選抜目標形質の遺伝分散共分散行列

$\boldsymbol{P}$と$\boldsymbol{C}$は常に対称行列になる．測定された形質の数が改良形質の数と同じではないので，$\boldsymbol{G}$は通常対称行列にはならない．

行列表記を用いると，遺伝的価値を予測するための選抜基準係数を簡単に求めることができる．ここで，選抜基準または遺伝的価値の予測値の分散は次式のようになる．

$$\mathrm{var}(I)=\mathrm{var}(\boldsymbol{b}'\boldsymbol{X})=\boldsymbol{b}'\mathrm{var}(\boldsymbol{X})\boldsymbol{b}=\boldsymbol{b}'\boldsymbol{P}\boldsymbol{b}$$

同様に，選抜目標の分散は下式のようになる．

$$\mathrm{var}(H)=\mathrm{var}(\boldsymbol{a}'\boldsymbol{Y})=\boldsymbol{a}'\mathrm{var}(\boldsymbol{Y})\boldsymbol{a}=\boldsymbol{a}'\boldsymbol{C}\boldsymbol{a}$$

そして，選抜目標Hと選抜基準Iの間の共分散は次式のようになる．

$$\mathrm{cov}(\boldsymbol{b}'\boldsymbol{X},\boldsymbol{a}'\boldsymbol{Y})=\boldsymbol{b}'\mathrm{cov}(\boldsymbol{X},\boldsymbol{Y})\boldsymbol{a}=\boldsymbol{b}'\boldsymbol{G}\boldsymbol{a}$$

$\boldsymbol{P}$行列と$\boldsymbol{G}$行列および選抜目標形質の経済的価値$\boldsymbol{a}$がわかっているとすると，選抜基準係数は選抜目標Hと予測遺伝的価値Iの間の差の2乗を最小にする係数であると定義される．

差の平方は次式のようになる．

$$\begin{aligned}(H-I)^2&=(\boldsymbol{a}'\boldsymbol{Y}-\boldsymbol{b}'\boldsymbol{X})^2\\&=\boldsymbol{a}'\mathrm{var}(\boldsymbol{Y})\boldsymbol{a}-2\boldsymbol{b}'\mathrm{cov}(\boldsymbol{X},\boldsymbol{Y})\boldsymbol{a}+\boldsymbol{b}'\mathrm{var}(\boldsymbol{X})\boldsymbol{b}\\&=\boldsymbol{a}'\boldsymbol{C}\boldsymbol{a}-2\boldsymbol{b}'\boldsymbol{G}\boldsymbol{a}+\boldsymbol{b}'\boldsymbol{P}\boldsymbol{b}\end{aligned}$$

選抜基準係数bに関する差の平方の微分は次の式のようになる．

$$\frac{\delta(H-I)^2}{\delta\boldsymbol{b}}=2\boldsymbol{P}\boldsymbol{b}-\boldsymbol{2G}\boldsymbol{a}$$

ここで上式をゼロと置くと，次式が導かれる．

$$\boldsymbol{b}=\boldsymbol{P}^{-1}\boldsymbol{G}\boldsymbol{a}$$

これにより選抜基準係数が得られるので，各測定値に係数を乗じて合計した値が選抜基準値となり，この値に基づいて選抜を行うことになる．

10.1.8　育種価の予測と環境効果（BLUP 法）

能力を測定するブタが飼育されている環境は，年次，季節，管理システムなどが異なる．環境効果の差異が認められる場合は，まず環境効果を推定し，次いでその環境効果の推定値を使って各個体の記録を補正して育種価を予測することになる．育種価の予測と環境効果の推定を同時に行うための手法は，最良線形不偏予測法（best linear unbiased prediction：BLUP 法）と呼ばれ，Henderson（1953）により開発されたものである．

育種価の予測と環境効果の推定を行うため，BLUP 法はさまざまなモデルをあてはめて使われる．BLUP 法の特性は次の通りである．

・Best：真の育種価と育種価予測値間の相関を最大にする

・Linear：育種価予測値は観測値の線形関数である．

・Unbiased：母数効果の推定値は不偏であり，未知である．真の育種価は育種価予測値の周りに分布する．

・Prediction：真の育種価を予測するための方法である．

ブタが飼育され測定が行われる農場，個体の性や品種，母親の日齢などのような環境効果は，その効果そのものが関心の対象となっているので母数効果と呼ばれる．一方，検定個体はいろいろな畜舎で検定されるので，能力検定形質の畜舎間の変異もモデル内で考慮されなければならない．しかし，畜舎の効果の推定値そのものについては関心がない．このような効果は，変量効果と呼ばれる．混合モデルは母数効果と誤差以外の変量効果の両方を含む．種雄豚や個体の育種価予測値も変量と呼ばれる．BLUP 法は母数効果としての種雄豚の効果の推定や，あるいは変量効果としての種雄豚の育種価を予測するために使われる．

BLUP 法は，①後代の測定値をもつ種雄の育種価の予測，②反復記録をもつ個体の育種価の予測，③血統中のすべての個体の育種価の予測，のために使われる．この 3 つのモデルは，それぞれサイアーモデル，反復率モデル，個体アニマルモデルと呼ばれる．

個体アニマルモデルあるいは個体モデルと呼ばれるモデルは，反復測定値を取り込むことができ，記録をもたない個体を含む血統中の全個体に対して育種価が予測できる最も一般的なモデルである．混合モデル式の構造は，分子血縁行列 $\boldsymbol{A}$ が血統中の全個体間の遺伝的関係を含み，記録をもたない個体が入るため，かなり高いコンピュータの能力が要求される．

【例】 1 年間，3 頭の雌豚について分娩産子数が測定された．雌豚 1，2 と 3 はそれぞれ 2 回，1 回と 3 回の分娩記録をもつので，反復率アニマルモデルとなる．遺伝率，反復率および表型分散はそれぞれ 0.4，0.6 および 10 とする．雌豚およびそれらの種雄豚と種雌豚の育種価と反復率を予測する．個体の血統と月ごとに測定された分娩産子数の記録は下記の通りである．

	雌豚 1	雌豚 2	雌豚 3
1 月	10		3
6 月	12		10
11 月		15	12

混合モデル方程式は

$$\begin{pmatrix} X'X & X'Z & X'Z \\ Z'X & Z'Z+\lambda A^{-1} & Z'Z \\ Z'X & Z'Z & Z'Z+\gamma I \end{pmatrix}\begin{pmatrix} b \\ \hat{u}_{\mathrm{A}} \\ \hat{u}_{\mathrm{r}} \end{pmatrix}=\begin{pmatrix} X'y \\ Z'y \\ Z'y \end{pmatrix}$$

である．ここで $\lambda=(1-r_{\mathrm{e}})/h^2=1$，そして $\gamma=(1-r_{\mathrm{e}})/(r_{\mathrm{e}}-h^2)=2$ であり，この式は次の解をもつ．

$$\begin{pmatrix} b \\ \hat{u}_{\mathrm{A}} \\ \hat{u}_{\mathrm{r}} \end{pmatrix}=\begin{pmatrix} C^{11} & C^{12} & C^{13} \\ C^{21} & C^{22} & C^{23} \\ C^{31} & C^{32} & C^{33} \end{pmatrix}\begin{pmatrix} X'y \\ Z'y \\ Z'y \end{pmatrix}$$

混合モデル式の解は次のとおりである．

相加的遺伝子効果（u_{A}）			特殊環境効果（u_{r}）				
雌豚 1	雌豚 2	雌豚 3	雌豚 1	雌豚 2	雌豚 3	雄親	雌親
0.28	0.50	−0.58	0.08	0.31	−0.39	0.39	0.00

ここで，測定月の効果の推定値（$\boldsymbol{b}$）は，9.81，11.31 と 13.58 となる．

3 頭の雌豚の将来の能力は，各個体の相加的遺伝子効果と特殊環境効果の和（$\hat{u}_{\mathrm{A}}+\hat{u}_{\mathrm{r}}$）から予測でき，それは 0.36，0.81 と −0.97 となる．

10.2 ブタの育種改良の対象形質

家畜としてのブタ飼育の主目的は肉生産である．豚肉の生産は，育種家による種豚群の生産から始まり，量販店や専門店で販売される豚肉生産物の生産で

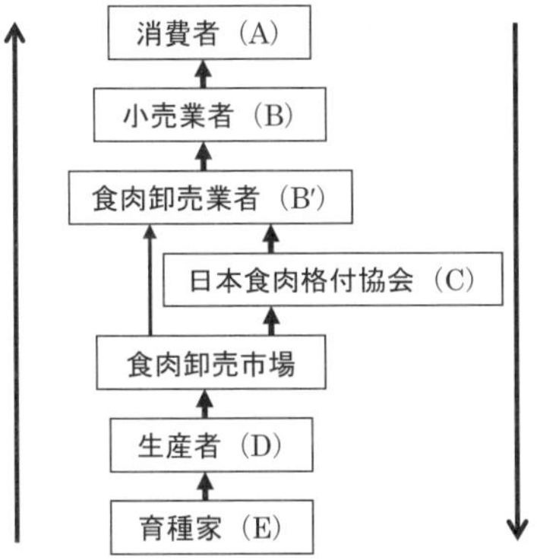

図 10.3 遺伝的改良形質のニーズ

終わる．国によりこの生産システムの流れは異なるが，日本では①育種家は，民間ブリーダー，大手の豚肉生産会社，公的機関，海外のハイブリット社からなり，それらの組織から導入された純粋種あるいは交雑 F_1 を②肉豚生産者が購入し，③加工流通会社から，④量販店・消費者へ，という流れとなっている．いずれにしても育種家はこのチェーンの最初の役割を果たし，最終的なブタ生産の質と価格は種畜の質に依存する．

生産者にとっては，食肉市場へ出荷する体重をできるだけ短い期間に，少ない飼料給与量で達成することが重要となる．また，食肉市場では日本食肉格付協会の格付規格に基づき枝肉がランク付けされ，枝肉の重量と形状，皮下脂肪の厚さなどが基準となり，価格が決まる．そのため，生体での体型や皮下脂肪厚などが育種改良の対象形質となる．さらに，枝肉から部分肉などの流通過程を経て小売店スーパーなどの量販店を通じて消費者が購入するが，この際，肉の保水性，肉色など外観や消費者が食べておいしいと感じる肉質が育種改良の対象形質となる．このように各段階で希望される改良形質は異なるが，一般的には養豚生産者の要望する形質がブリーダーとしてまず検討すべき改良形質となっている．すなわち，生産費の半分以上を占める飼料代を減らすため1日平均増体量，飼料要求率や，1頭の雌豚が生産する生存子豚数が重要な対象形質となる．次いで，食肉市場に出荷し枝肉になった際の外観，皮下脂肪厚など，さらには，流通サイドや消費者が求める肉質の順となる．それらの形質の遺伝率を表 10.5 に示した．一般に，産肉形質の遺伝率は中程度だが，繁殖形質，肉質形質の保水性，肉色，抗病性などは遺伝率が低い．また，食味性を高める筋

表 10.5　代表的な形質の遺伝率

	形　質	h^2 の平均値（推定値範囲）
産肉形質[a]	1日平均増体量	0.31（0.03～0.49）
	背脂肪厚	0.49（0.12～0.74）
	ロース断面積	0.47
	飼料要求率	0.30（0.12～0.58）
	余剰飼料摂取量	0.4
肉質形質[b]	筋肉内脂肪	0.26
	保水性	0.15（0.01～0.43）
	pH（最終）	0.21（0.07～0.39）
	柔らかさ	0.26（0.17～0.46）
	肉　色	0.28（0.15～0.57）
繁殖形質[c]	生時一腹産子数	0.09（0～0.66）
	離乳時一腹産子数	0.07（0～1.0）
	生時子豚体重	0.29（0～0.54）
	離乳時子豚体重	0.17（0.07～0.38）
	離乳後再起発情日数	0.25（0.17～0.36）
	雄の乗駕欲	0.15（0.03～0.47）
抗病性形質[d]	MPS[e]	0.07
	各種免疫能	0.1～0.2

a：Clutter and Brascamp，b：Sellier，c：Rothschild & Bidanel (1998)，
d：Kadowaki *et al.* (2011)，e：MPS＝マイコプラズマ性肺炎病変.

肉内脂肪の遺伝率は 0.4 と中程度（Suzuki *et al.*, 2006）であることが報告されている．近年では疾病に関する育種改良の重要性も高まっており，豚マイコプラズマ肺炎（MPS）遺伝率は 0.07 と低いが，MPS 病変と遺伝相関の高い末梢血コルチゾールを選抜形質に含めると選抜効率を高めることができることが報告されている（Kadowaki *et al.*, 2012）.

10.3　ブタの育種改良システム

多くの国では，ブタ育種計画は 3 層ピラミッド構造で行われている．ピラミッドの頂点は，現実的に遺伝的改良を行う層で中核育種農場であり，次の層は多数の雌豚の生産のために特殊な交配や交雑を行う増殖農場である．これらの雌豚は子豚の生産者や肥育豚を生産するコマーシャル生産者へ販売される．選抜プログラムはそれら購入者，豚肉生産者と加工業者のニーズに合わせて計画するが，中核農場での遺伝的改良と，増殖を通じてコマーシャル生産者に遺伝的改良を伝達するまでの間には時間の遅れがある．この遅れは典型的には 3～

5年であり，ジェネティックラグ（genetic lag）と呼ばれる．そのため，中核育種家は将来の生産者のニーズを評価し，それに従って育種目標を決めることが重要となる．

中核農場は特殊な品種・系統を維持する．多くの農場で共通に使われている品種は，デュロック，ランドレースと大ヨークシャーである．加えて，育種会社は2つあるいはそれ以上の品種を交雑して合成系統を作り，さらに望ましい形質を結合し安定化させるために数世代の間交雑を系統内で行う．さらに，品種内では特別の系統が，その品種の特徴を維持しながら興味のある形質について改良される．純粋種間では，ランドレースと大ヨークシャーが雌の繁殖性のために選抜され，デュロック種は最終的な三元交雑豚の枝肉形質や肉質のため選抜される．ランドレースと大ヨークシャーの交雑はF_1雌を生産するため増殖農場で利用される．これらの品種は雌系と呼ばれる．F_1雌豚に交配し肥育豚を

表 10.6　世界の育種組織の国別マーケットシェアの推定（The Genetics of the Pigs, 2011 より引用）

組　織	先進国（%）	世界（%）
EU ベースの組織		
PIC（イギリス）	18	10
TOPIGS（オランダ）	8	5
Danbred（デンマーク）	6	3
Hypor-Genex（オランダ）	6	3
JSR（イギリス）	3	1
Seghers Ratterow（ベルギー・イギリス）	3	1
Herdbooks/Nucleus（フランス）	3	1
ACMC（イギリス）	2	1
Herdbook（ポーランド）	2	1
Herdbooks（イタリア）	2	0.5
Herdbooks（ドイツ）	2	0.5
BHZP（ドイツ）	1.5	0.5
France Hybrides（フランス）	1.5	0.5
Herdbooks（エストニア）	2	0.5
（合計）	60	28.5
非 EU ベースの組織		
Monsanto（アメリカ）	5	2
Smithfield Genetics（アメリカ）	3	1
Genetiporc（カナダ）	3	1
National Swine Registry（アメリカ）	5	2
Canadian National Breeders（カナダ）	5	2
（合計）	21	8

生産する雄は止雄(とめおす)と呼ばれる.

世界的には少数の大きな育種会社が高い市場シェアを占めている. 2008年時点での主要な育種会社とそのマーケットシェアを表10.6に示す.

10.4 ゲノム情報を活用した方法, マーカーアシスト選抜, ゲノム選抜

近年, 大きな効果をもつ単一の遺伝子が確認され, これらの遺伝子効果に関する情報を取り込むことで, 育種価予測値と選抜反応推定値の正確度を増加させることが期待されている. DNAはどのような日齢の動物からでも採取できる. つまり, 個体の表型値が測定されるまで待つより, それらの遺伝子型に基づいて直接選抜できるとすると, 世代間隔を縮めることができる.

10.4.1 遺伝的マーカー

大きな効果をもつ遺伝子の周辺にあるDNA断片は, 特に, 遺伝子からの距離が相対的に短いとすると, その遺伝子とともに親から子供に分離して伝えられる可能性がある. もし, その遺伝子に近いDNA断片において遺伝的変異があり, DNAの断片に対して個体ごとの遺伝子型判定ができるとすると, 個体はDNA断片と表型値の両方に基づき選抜できる. DNAの小さな断片は遺伝的マーカーと呼ばれる. 選抜基準のなかに遺伝的マーカーの情報を取り込むことをマーカーアシスト選抜（marker assisted selection：MAS）と呼ぶ. もし対象形質がともに分離しているいくつかの近接の遺伝子と関係しているとすると, この遺伝子群は, 量的形質遺伝子座（quantitative trait loci：QTL）と呼ばれる.

$$P=G+E, \quad G=\sum g_i$$

遺伝子型値 G をその構成要素である各QTLの効果 g_i に分解するためには, 個体間での各QTLにおける遺伝子型の差異を示す情報が必要であり, そのためにゲノム上の指標となるマーカーが必要となる. DNA配列の変異をDNA多型, その変異を利用したマーカーを多型マーカーと呼ぶ. QTL解析とは, 生物集団において量的形質の表現型値とマーカーにおける遺伝子型のデータをもと

に，遺伝子型に寄与する個々のQTLをゲノム上に検出し，それらの遺伝効果を推定する作業を意味する．QTLの総数やゲノム上の位置は未知であり，できるだけ多くのQTLを検出するためにはゲノム全般をカバーするマーカーが必要となる．近年，1塩基多型（SNP）の利用やマイクロサテライトマーカーの開発により，マーカーの近傍に位置するQTLについての遺伝子型を類推することで，遺伝子型値 G から各QTLにおける効果 g_i を分離することが可能となってきている．

10.4.2　マーカーアシスト選抜（MAS）

育種価予測においてマーカー情報を取り込むことは，育種価の正確度を増加させる．シュミレーション研究により，マーカーアシスト選抜が中核育種計画における遺伝的反応率を短期的に10～20％増加させることが可能であることが示されている．特に，枝肉形質や長命性のように，形質の測定前に個体が選抜されなければならない場合に有効性が顕著である．しかし，マーカーアシスト選抜により短期的に実現される大きな選抜反応は，表型選抜に比べて長期的に持続しない．これは，特定された関連をもつ少数のマーカーが，その形質における遺伝分散のわずかな割合しか説明できず，育種価の予測能力が限られているからである．

10.4.3　ゲノム選抜

MASには当初遺伝的マーカーとしてマイクロサテライトマーカーが用いられたが，その欠点を克服するためMeuwissenら（2001）はMASのために全ゲノムをカバーする高密度マーカーである1塩基多型（SNP）を利用することを提案した．これを使ったMASがゲノム選抜である．ゲノム選抜での推定育種価（estimated breeding value：EBV）は，データとして表型値，血統，これにマーカー対立遺伝子座での遺伝子型を使う．

ゲノム選抜とは，マーカーにより推定された血縁係数行列をもつアニマルモデルによる育種価推定による選抜である．育種改良計画へのゲノム選抜の影響は，雌に限定された形質，生涯の終わりや死後で得られる形質，コストの高い定形質で特に有効となる．ゲノム選抜は選抜の世代間隔を減少させることで遺伝的改良量を増加させることができる．

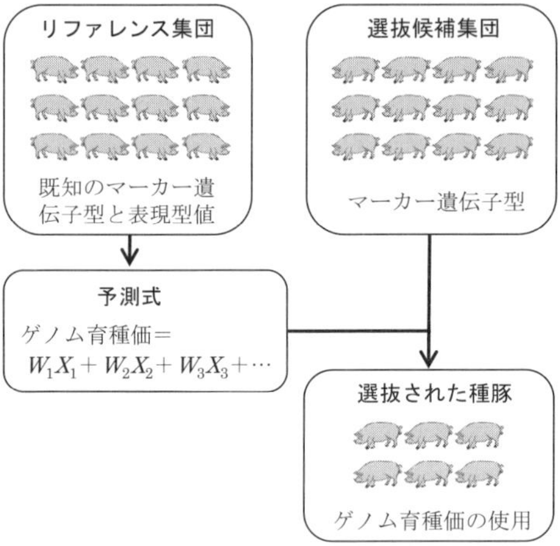

図 **10.4** ゲノム選抜の説明

実際の運用として，はじめはリファレンス集団についてブタのある形質に関して測定がなされ（表現型値），マーカーの遺伝子型が判定される．遺伝子型は，変数（x）で表すことができる（それは，同型接合体，異型接合体または他の同型接合体の１つに対応する，値０か１か２をとる）．リファレンス集団の統計解析は各マーカー（W）の効果を推定し，ここから，それぞれの動物の育種価を予測するためにすべてのマーカー遺伝子型をそれらの効果に結合する予測式ができる．次に，表現型ではなく，遺伝子型をもっている選抜候補集団にこの予測式を適用し，種豚として最も良い動物を選抜するためにゲノム育種価が利用され，種豚の選抜が行われる．長期的な遺伝的改良に用いる場合には，各世代で予測式を再推定しないと遺伝的改良量が急速に低下する．連鎖したマーカーの代わりにQTLを直接検査して利用することで改善可能となる．将来的には，完全なゲノム配列データの使用によりGEBV（genomic EBV）の正確度の増加と，経済形質に関する生物学についての新たな知識の活性化につながることが期待される．ゲノム選抜は家畜の遺伝的改良を根本から変えるものと考えられるが，そのためには，リファレンスデータセット，高密度SNPs，QTL効果の分布を使う分析方法が必要となる．ゲノム選抜は，今後SNP判定のコストが低減されるに伴い，ブタの育種改良に広く用いられるようになると思われる．

〔鈴木啓一〕

参考文献

N・D・キャメロン著，鈴木啓一・内田　宏・及川卓郎訳（2000）：最新家畜育種の基礎と展開，大学教育出版.

Dekkers, J.C.M., Mathur, P.K., Knol, E.F.（2011）：*The Genetics of the Pig 2nd Edition*（Rothschild, M.F, Ruvinsky, A., eds）, pp.390-425, CABI international.

Farm Animal Breeding and Reproduction Technology Platform（FABRE TP）(2008)：*Strategic Research Agenda, Farm Animal Breeding and Reproduction Technology Platform*. [www.frretp.org]

Kadowaki, H. *et al*.（2012）：Selection for resistance to swine mycoplasamal pneumonia over 5 generations in Landrace pigs. *Livestock Science*, **147**：20-26.

Meuwissen, T.H.E., Hayes, B.J., Goddard, M.E.（2001）：Prediction of total genetic value using genome-wide dense marker maps. *Genetics*, **157**：1819-1829.

Suzuki, K. *et al*.（2005）：Selection for daily gain, loin-eye area, backfat thickness and intramuscular fat based on desired gains over seven generation of Duroc pigs. *Livestock Production Science*, **97**：193-202.

11. ブタの疾病と衛生対策

11.1 細菌性疾病

11.1.1 細菌性疾病の発生動向

畜産統計によると，1993（平成5）年の養豚農家戸数は2万5300戸，飼育頭数1078万3000頭（426.2頭/戸）であった．これが，2003（平成15）年では9430戸，97万2500頭（1031.3頭/戸）となり，2013（平成25）年には5570戸，96万8500頭（1738.8頭/戸）と20年前と比較して養豚農家戸数が激減しているものの，飼育頭数は若干の減で止まっている．このように近年，日本の養豚は，多頭飼育集約生産が急速に進んできている．そして豚舎設備の近代化に伴い，ハイヘルスの繁殖豚導入，洗浄消毒の徹底，肥育豚のオールイン・オールアウトそしてワクチネーションプログラムの充実など，予防衛生管理も向上してきている．しかし，疾病も増加傾向にあり，集団発生を起こす疾病も少なくない．

細菌性疾病では消化器病と呼吸器病が二大疾病である．前者におけるおもな疾病は大腸菌症やサルモネラ症などである．大腸菌症では，浮腫病や離乳後下痢症が近年増加傾向にあり，これによる経済損失が大きい．また，離乳後大腸菌症の原因菌には多剤耐性のものが多く，対策に苦慮する疾病の1つである．サルモネラ症は人獣共通感染症で届出伝染病に指定されており，発症した場合は移動禁止となる．特に *Salmonella* Chorelaesuis は肥育後期のブタに感染しやすく，これによる経済損失は大きい．一方，呼吸器病におけるおもな疾病は豚胸膜肺炎や豚マイコプラズマ肺炎などである．1990年以前の豚胸膜肺炎はおもに *Actinibacillus pleropnumoniae*（APP）血清型2型の発生が主であり，発生も限局したものであった．しかし，1990年以降ではAPP血清型1型による胸膜肺炎が全国的に広がり，養豚農家は大きな経済損失を被った．現在ではワクチンにより，APP1 型の全国的な流行は終息している．しかし，豚胸膜肺炎は依然ブタの呼吸器病として重要な位置を占めており，その代表的な起因菌は APP2 型である．豚マイコプラズマ肺炎原因菌である *Mycoplasma hyopneumoniae* は，*Pasteurella multocida*，豚胸膜肺炎の原因菌である *Actinibacillus pleropnumoniae* および *Storeptcoccus suis* などとの混合感染により豚呼吸器病症候群（porcine respiratory disease complex：PRDC）を起こす．このため，PRDC 対策は生産性向上にはきわめて重要である．

養豚における生産病が集団発生する要因には，飼養管理や予防衛生管理のほかに，養豚農家の密集度，養豚農家とと畜場との距離，糞尿処理など地域的な要素が大きくかかわる．すなわち，養豚密集地帯の 1 戸で生産病の集団発生が起こった場合，養豚場農家間の距離が近いために，病原微生物が野鳥や昆虫または風によって隣接養豚農家や周辺地域に伝播する可能性が十分考えられる．大規模養豚農家が増加し，養豚密集地帯が偏在化する現状にあって，獣医師および畜産コンサルタントには，地域防疫の視点に立って養豚農家を指導することが今後いっそう求められるであろう．

11.1.2 大 腸 菌 症

大腸菌症は毒素を産生する大腸菌（*Escherichia coli*）により，下痢症や浮腫病を起こす．

a. 下痢症

(1) 早発性下痢症

・原因： 分娩舎内に常在するエンテロトキシン産生大腸菌（enterotoxigenic *Escherichia coli*：ETEC）の感染である．多くの経産豚はこの菌に対して抗体を保有しているが，初産豚には抗体を保有するものが少ないために初産豚の新生豚が発生しやすい．

・症状： 生後 3 日以内の子豚が黄褐色～灰白色水様便を排泄し急激に脱水を起こし，重度の脱水と敗血症で死亡する．死亡率が高く，発症耐過豚は著しい発育低下を起こす．

・診断： 特徴的な症状から診断できる．また，発生初期の直腸便から菌分離を行い，毒素の検出を行う．

表 11.1　離乳後下痢症から分離した ETEC17 株の薬剤感受性試験

ABPC	AMPC	CEZ	CTF	OTC	DOXY	CL	FOM	KM
0.1 0.5	0.6 0.9	2.5 1.1	2.2 1.3	0.8 1.4	0.9 1.3	2.2 1.3	1.6 1.4	1.6 1.5
GM	**ST**	**FF**	**OBFX**	**ERFX**	**NFLX**	**MAR**	**BCM**	
2.8 0.8	0.4 1	1.4 1.1	1.2 1.2	1.1 1.1	1.9 1.5	1.7 1.4	2.5 0.8	

上段：平均スコア，下段：標準偏差，薬剤感受性結果にスコア（「3＋」および「S」→3 点，「2＋」→2 点，「＋」および「I」→1 点，「－」および「R」→1 点）をつけて評価した．
ABPC：アンピシリン，AMPC：アモキシシリン，CEZ：セファゾリン，CTF：セフチオフル，OTC：オキシテトラサイクリン，DOXY：ドキシテトラサイクリン，CL：コリスチン，FOM：ホスホマイシン，KM：カナマイシン，GM：ゲンタマイシン，ST：スルファジメトキシン・トリメトプリム，FF：フロルフェニコール，OBFX：オルビフロキサシン，ERFX：エンロフロキサシン，NFLX：ノルフロキサシン，MAR：マルボフロキサシン，BCM：ビコザマイシン．

・治療：　原因菌に対して感受性の高い抗菌剤の経口投与または筋肉内投与を早期に実施する．また，発症豚に経産豚の初乳を投与することも有効である．

・予防：　母豚へ分娩舎に常在する ETEC の抗体を保有させるために，繁殖候補豚と妊娠中期の母豚に発育良好な分娩房の糞便（母豚と子豚）を投与する．

(2)　離乳後下痢症

・原因：　多くが多剤耐性 ETEC の感染である．筆者が分離した ETEC17 株ではセフェム系の抗菌剤に感受性があるものの，ニューキノロン系抗菌剤に低い感受性のものが多い結果であった（表 11.1）．

・症状：　離乳後 3～4 日で灰褐色～緑褐色水様便を排泄し，急激に脱水し死亡する．

・治療：　有効な抗菌剤による早期治療（筋肉内注射）が必須である．対応が遅れると環境への原因菌の拡散が起こり，母豚が保菌する．このようになると発生が長期化し著しい損失を被る．

・予防：　有効な抗菌剤の飼料添加を行う．そして，原因菌は野鳥，特にカラスによって媒介されるので，野鳥侵入防止対策は必須である．

b.　浮腫病

・原因：　ベロ毒素産生大腸菌（verotoxin producing *Escherichia coli*：VTEC）の感染により発症する．寒冷または高温多湿などの強いストレスの感作が重要な発生要因となる．これらストレスが子豚に加わると，結腸内の VETC が増殖し回腸に上行して，急激にベロ毒素を産生し，急性経過でブタを死亡させる．

感染源は発症豚の糞便である.

・症状：　発熱，沈鬱，食欲廃絶，被毛粗造，神経症状（痙攣や遊泳運動），呼吸速拍，眼瞼浮腫などである．神経症状が認められたものは，脳幹が障害を受けているので予後不良である．また，発症耐過豚は肺にも障害を受けているので呼吸器感染症に罹患しやすい.

・治療：　早期発見と感受性のある抗菌剤の早期投与（筋肉内注射）である．発症豚を確認したら発症豚房と周辺豚房の同居豚全頭に抗菌剤を3日間連続投与（筋肉内注射）する．ただし抗菌剤の選択は慎重を要するので，必ず獣医師の指示に従う.

・予防：　保温または換気を適正にして環境ストレスを除去すること．さらに発生豚舎のオールアウトが重要である．また，プロバイオティクスや有機酸の併用が対策に有効である.

11.1.3　サルモネラ症

ブタのサルモネラ症は，日和見感染症として子豚に敗血症や呼吸器症状を起こす *Salmonella enterica* subsp. *enterica* の血清型 Chorelaesuis（SC）と，同じく肥育豚に下痢を起こす血清型 Typhimurium（ST）の感染が主である．ST は食中毒の原因菌であり，公衆衛生上重要な疾病である．また，サルモネラ症は届出伝染病に指定されている.

・症状：　[SC] 哺乳豚～90日齢の子豚に好発する．急性敗血症の多くは死亡後に発見する．耳翼，鼻端，腹部，四肢端にチアノーゼが見られる．亜急性～慢性型では発熱や呼吸器症状が強く現れ，発育低下が顕著に認められる.

[ST] 肥育後期のブタで発症する場合が多い．主症状は下痢で，緑黄褐色～褐色粘調の悪臭のある水様～泥状便を排泄する．そして，発症豚は削痩し著しい発育低下を起こす．また，呼吸器症状を伴うことが多く，肺炎と誤診しやすい.

・診断：　SC は肺，ST は下痢便から分離できる．分離には DHL 寒天培地とラパポートなどを用いた増菌培養をあわせて実施する．また，血清中の抗体を ELISA で検出可能であり，これは感染率と感染時期の推測に役立つので発生状況分析のみならず予防効果判定にたいへん有効である.

・治療：　分離した *Salmonella* の薬剤感受性結果から最も有効な抗菌剤を用いる．発症豚には抗菌剤の筋肉内注射を行う.

・予防： 抗菌剤の飼料添加を行う．ただし，抗菌剤を出荷予定ブタが摂取する可能性がある場合は，抗菌活性のあるハーブやプロバイオティクスを飼料添加する．

11.1.4 豚 赤 痢

本病は肥育豚に急性～慢性下痢を起こし，飼料要求率を著しく悪化させるため，ブタの生産病として重要な疾病であり，届出伝染病に指定されている．

・原因： 本病は *Brachyspira hyodysenteriae* の経口感染で発症する．特に，飼料中に抗菌剤が添加されない肥育後期に発症が多い．

・症状： 急性症状は血様～赤褐色の悪臭のある粘血便を排泄し，元気食欲廃絶，被毛粗造となり発育が著しく低下する．慢性経過では黄褐色泥状～緑黄褐色の軟便を排泄し，便に血液の混入は認められない．

・診断： 臨床症状および糞便の PCR 検査による診断が最も容易である．また，本病は結腸粘膜に強い炎症が起こることも特徴である．類症鑑別として重要なものに増殖性腸炎，豚鞭虫の幼若虫の多数寄生による急性下痢がある．

・治療： マクロライド系またはチアムリン系抗生物質が有効である．粘血便を排泄しているものや全身症状の悪化しているものは注射を行う．発症豚はよく水を飲むため，飲水投与が有効である．

・予防： 抗生物質の飼料添加や飲水投与を行う．また，出荷直前の肥育豚に対する予防は，抗菌活性のあるプロバイオティクスやハーブの飼料添加が有効である．

11.1.5 増殖性腸炎

本病は甚急性～急性経過の増殖性出血性腸炎と下慢性型の増殖性腸炎とがある．

・原因および症状： *Lawsonia intracellularis* の回腸粘膜細胞内寄生が原因である．甚急性型は急死例として発見され，急性型はタール便を排泄し死亡する．いずれの発生も散発的である．慢性型では黄褐色～褐色の泥状～軟便を排泄し，発育が低下する．さらに，回腸後部がホース状に肥厚し，粘膜面に偽膜が形成されるようになると，発育は著しく低下する（図 11.1）．

・診断： 病理組織診断が主体であるが，豚群への *L. intracellularis* の診断は，

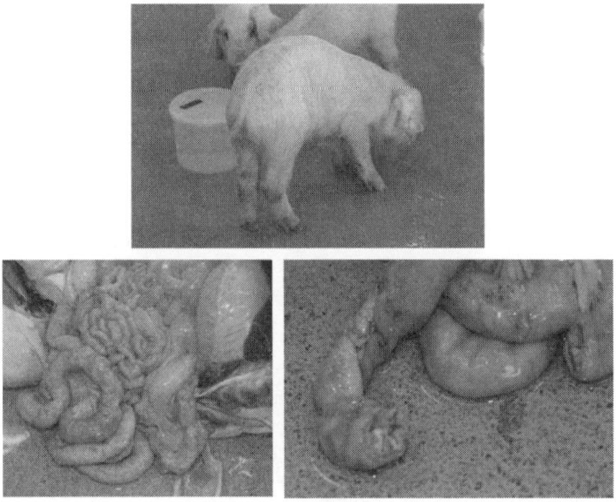

図 **11.1** 増殖性腸炎：慢性型
発症豚は著しい発育低下を起こす．回腸は肥厚し，ホース状になる．回腸粘膜は肥厚し偽膜を形成する．

血清中の抗体価を測定する方法と糞中の *L. intracellularis* を検出する方法（PCR および専用の検査キット）がある．前者が主に行われているが，*L. intracellularis* は感染初期に糞中から検出されるので，採材のタイミングが合えば，後者により感染時期を特定できる．

・対策： *L. intracellularis* はマクロライド系抗菌剤やアンピシリンに感受性がある．急性型の多くは死亡で発見されるか瀕死の状態であり，早期発見が困難な場合が多い．治療は軽症のものや慢性型で有効である．感染初期の給与飼料に抗菌性物質を添加することで *L. intracellularis* の感染を予防することができる．また，本病には経口ワクチンが市販されている．

11.1.6 豚胸膜肺炎

本病は集団感染が容易に起こり，ブタの呼吸器病で最も経済損失の高い疾病の1つである．

・原因： *Actinibacillus pleropnumoniae*（APP）の接触飛沫感染により発症する．APP は 1～15 の血清型に分類されている．わが国では，2 型の感染が最も広く起こっているが，1，3，5，7 型の感染も広く起こっている．現在は，新たに 15 型の発生も報告されている（Koyama *et al*., 2007）．

・症状： 症状は急性で，発熱（41℃前後），元気沈衰，食欲廃絶，呼吸速迫～

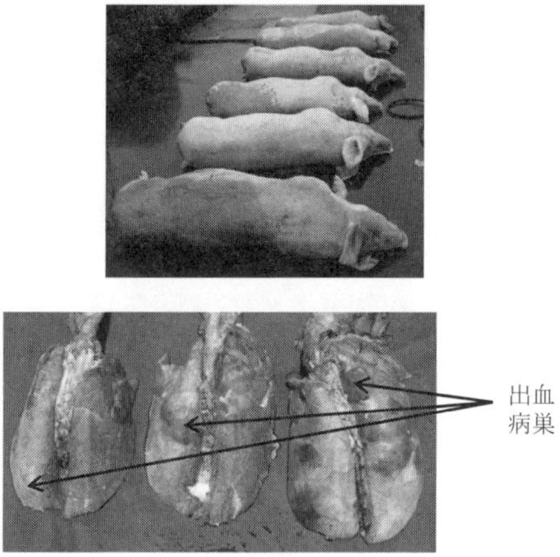

図 **11.2**　豚胸膜肺炎
上：140日齢の肥育豚でAPPが集団発生．死亡豚の体表にチアノーゼが顕著．
下：肺の胸膜にフィブリンが析出し，小葉間水腫および暗赤色に硬結隆起した出血病巣が顕著である．

腹式二段呼吸，鼻端や耳翼にチアノーゼなどの呼吸器症状が顕著にみられる．重症例では41℃以上の発熱，呼吸困難，全身性のチアノーゼ，喀血などが認められ，甚急性に死亡経過をたどる．発症耐過豚では発育低下が顕著に起こる．また，胸膜炎が慢性経過で進行し，心外膜炎を発症するものも少なくない．

・剖検所見：　胸腔は胸水の増量と繊維素の滲出が顕著に起こり，肺は暗赤色を呈し膨隆した出血病巣が特徴的である(図11.2)．慢性例では出血病巣部が胸膜と癒着することが多い．また，出血病巣は膿瘍や結節などの病変に移行する．

・診断：　臨床症状と剖検所見，そして肺病変部からのAPP分離により行う．確定診断は肺病変の免疫染色による病理組織診断と分離APPの血清型別（スライド凝集反応，ゲル内沈降反応，PCR）により行う．

・治療：　分離APPの薬剤感受性試験から有効な抗菌剤を選択し，発症豚へ投与(筋肉注射や飲水投与)する．この薬剤選択は迅速に行わなければならない．臨床経験から有効と思われる抗菌剤を発症豚に投与し，顕著に体温が下降した抗菌剤を用いて治療する．さらに，有効な抗菌剤の飲水投与や飼料添加もあわせて行う．

・予防：　発症予防にワクチンが効果的である．また，環境対策も重要である．まず，感染の連鎖を分断するために，豚舎をオールアウトする．そして低温の感作や換気不良などの環境ストレスの防止に努める．

11.1.7 豚マイコプラズマ肺炎

本病は慢性型の肺炎である.

・原因： *Mycoplasma hyopneumoniae*（*M.hyo*）の感染による. *M.hyo* はブタの免疫力を低下させ, 気管支の繊毛を障害するので *Pasteurella multocida* や *Actinibacillus pleropnumoniae* などの細菌の二次感染を誘発する.

・症状： 発咳以外の顕著な症状は認められないが, 肥育豚の飼料要求率の悪化を招くので生産病として重要な疾病である. 本病に罹患すると肺葉の辺縁に特徴的な赤褐色の肝変化病巣を形成する. 感染時期は移行抗体の消長時期と密接な関係があるので, 定期的な抗体検査や食肉処理場における肺病変のモニタリングは本病の対策に必須である.

・対策： 発症予防にワクチンが効果的である. また, 豚舎のオールイン・オールアウトや飼育密度の適正化, そして換気不良防止などの環境対策も本病予防に重要である.

11.1.8 豚 丹 毒

本病は人獣共通感染症であり, 届出伝染病に指定されている.

・原因： 豚丹毒菌（*Erysipelothrix rhusiopathiae*）の感染によって起こる. 豚丹毒菌は発症豚の体液, 尿および糞中に多量に排泄され飼育環境を汚染する. また, 豚丹毒菌は自然環境下での抵抗性が強く, 糞中や地中では数ヶ月生存する. したがって, 発症豚からの水平感染が容易に起こる.

a. 急性敗血症型および蕁麻疹型

急性敗血症型は肥育後期のブタで初夏～初秋に発生しやすい. 栄養状態のよいブタが全身チアノーゼを呈し急死するので熱射病や急性肺炎と間違いやすい. 蕁麻疹型は体表に隆起した特徴的な菱形疹が現れ, 41℃前後の発熱, 食欲不振, 活力低下が起こる. 繁殖豚では主として散発的発生だが, 肥育豚では集団発生することが多い.

・治療： ペニシリン, アンピシリンの筋肉内投与を行う.

・予防： ワクチン接種が有効である. 未発生農場の予防には生ワクチンが有効であるが, 本性が蔓延している場合は生ワクチン接種時期の特定が困難なので, 不活化ワクチンを使用する. また, 生ワクチンの効かない豚丹毒の発生も報告されている（神田・小林・矢彦沢, 2012）.

b. 慢性型（関節炎および心内膜炎）

慢性型は無症状で経過し，食肉処理場での食肉衛生検査で検出される．対策には，抗体検査によるワクチンプログラムの検証と防疫体制の確認が必要である．ただし，ワクチン未接種農場では，迅速に防疫体制を強化する必要がある．

〔渡辺一夫〕

参考文献

神田　章・小林千恵・矢彦沢小百合（2012）：609G遺伝子型豚丹毒菌株感染による敗血症型豚丹毒の発生事例とその制御．日本豚病研究会報，**64**：17-20.

Koyama, T. *et al*. (2007)：Isolation of *Actinobacillus pleuropneumoniae* serovar-15 like strain from a field case of porcine pleuropneumonia in Japan. *J. Vet. Med. Sci*., **69**:961-964.

11.2 ウイルス性疾病

11.2.1 ウイルス性疾病の発生動向

ブタにおけるウイルス性疾病といえば従来は，1888（明治21）年に日本で初めて報告され2007年に清浄化を達成した豚コレラに代表されるように，急性の全身症状の個体単位の発症が問題であった．

しかし1970年代頃から，繁殖用純粋種，あるいはハイブリッド豚と呼ばれる高度に育種改良された繁殖用豚が海外から輸入され，産業としての近代的養豚業が急速な進歩を遂げるようになると，ウイルス性疾病の様相は徐々に変化し始めた．

1980年代になって日本で初めて報告されたオーエスキー病は，養豚密集地域における感染拡大が地図上で面として広がっていくのが目に見えてわかるほど猛威をふるい，地域防疫・集団防疫的な対応を余儀なくされた．

その後1990年代に入り，豚繁殖･呼吸障害症候群（PRRS）が出現し，単独の病原体の感染ではなく，豚呼吸器病症候群（PRDC）と呼ばれる複合感染への対応を迫られることになった．PRDCに立ち向かうためには，養豚場外からの疾病侵入防御とともに．場内の各々のステージのブタを高度に隔離することが必要であり，バイオセキュリティのレベルの向上が求められた．

さらに2000年代に入ると，豚サーコウイルス2型（PCV2）の出現により，免疫に障害を受けることによる発育不全症候群に多くの農場が悩まされた．

このように，養豚業界はほぼ10年単位で新たなウイルス性疾病の影響を受け，その戦いのなかで衛生管理のレベルを向上させてきた．

11.2.2　豚繁殖・呼吸障害症候群

・原因および症状：　豚繁殖・呼吸障害症候群（porcine reproductive and respiratory syndrome：PRRS）は，妊娠母豚に対して早産を主とする繁殖異常と離乳豚を中心とした呼吸器病を引き起こす新興感染症の1つである．病原体であるPRRSウイルスは，1991年にオランダで初めて発見されており（Wensvoort *et al.*, 1991），日本でも1994年には報告されている（Shimizu *et al.*, 1994）．ウイルスの発見時にはすでに世界各国に本病が広がっており，現時点においても世界の養豚界で最も経済的な被害の大きい疾病の1つである．PRRSウイルスには，他の病原ウイルスと比較しても特殊な特徴をもっており，それがゆえに発見後20年以上経過してもいまだに生産性への悪影響を及ぼし続けている要因となっている．その特徴とは，第一に免疫担当細胞である肺胞マクロファージ内で増殖すること，第二に感染後の体内で長期にわたりウイルス血症あるいはウイルス排出を起こすこと，第三にウイルス遺伝子の変異が激しいことがあげられる．

・対策：　本病を完全に押さえ込める画期的な方法は見いだされていないが，母豚の免疫の安定化，離乳後の子豚のステージごとの隔離（オールイン・オールアウトなど）などの組合せと農場防疫（バイオセキュリティ）の厳格化が王道であるとされている．アメリカでは，これらの対策と数ヶ月間のブタの外部導入の中止を組み合わせることで農場単位での清浄化を達成した例も報告され，わが国でも地域ぐるみでの清浄化を進める取組みが始まっている．

11.2.3　豚サーコウイルス2型感染病

・原因および症状：　PRRSと並んで，特に2000年代後半から，離乳後の子豚の事故多発の主因として問題とされてきた．病原体である豚サーコウイルス2型（porcine circovirus type2：PCV2）は，ブタのリンパ球や樹状細胞などの免疫細胞内で増殖し，免疫不全を起こすことで多様な病型の主因となっている．

その最も代表的なものは，離乳後多臓器性発育不良症候群（postweaning multisystemic wasting syndrome：PMWS）と呼ばれ，離乳後子豚の発育不良（いわゆる「ヒネ豚」）の増加とそれに伴う事故率の上昇，増体速度の減少などが顕著である．その他，皮膚炎と腎炎を併発する皮膚炎腎症症候群（porcine dermatitis and nephropathy syndrome：PDNS）の報告もあり，PCV2によるこれらの疾病については，まとめて豚サーコウイルス関連疾病（PCV assisted deseases：PCVAD）と総称されている．

・対策：　現在日本では，PCV2に対する4社の不活化ワクチンが市販されているが，2008年の発売開始以来，いずれのワクチンもPCV2による症状低減効果がみられ，現在ではきわめて多くの養豚場でワクチン接種が行われている．

11.2.4 豚インフルエンザ

・原因および症状：　インフルエンザウイルス（swine influenzavirus：SIV）の感染により，急性の呼吸器症状，元気消失，食欲減退等のほか，妊娠中の母豚においては流産の集団発生を伴うことがあり，突発的なこれらの症状の経済的被害は大きい．ブタから分離されるA型インフルエンザウイルスの亜型は，H1N1，H1N2，H3N2の3種であるが，いずれもヒトに感染する亜型と共通しており，人獣共通感染症としての側面も重要である．特にブタは，鳥類由来とヒト由来の両方のウイルスに対して感受性をもっており，これらの同時感染により，豚の体内で新しい遺伝子再集合体（リアソータント）が生まれることが，人間界の新型インフルエンザ誕生のメカニズムであることが解明されている（喜田，1993）．

・対策：　2009年4月にはブタ由来の遺伝子を保有する新型インフルエンザウイルスが人間界で流行し，一時的に大きな騒ぎになった．養豚関係者のワクチン接種の実施など，ヒト-ブタ間の感染をできるかぎり避ける努力が必要である．

しかし，養豚場の生産性における本ウイルスの影響力も重要であり，欧米ではPRRSやPCV2とともに豚呼吸器病症候群（porcine respiratory disease complex：PRDC）の主要病原体として位置づけられている．日本においても近年，豚インフルエンザによる発症被害について報告が増えており，ワクチン接種を開始する農場も増加中である．

11.2.5 オーエスキー病

・原因および症状：　オーエスキー病（Aujeszk's disease：AD）は，豚ヘルペスウイルス1の感染による急性感染症で，繁殖母豚の死流産，神経症状を伴う哺乳豚の死亡，肥育豚の発育不良など，初発時には甚大な被害をもたらす．1960～1970年代に欧米で大規模な地域的流行が報告され養豚界の重大疾病として認識されるようになった．日本では1981年以降発生が確認されており，2012年11月現在では東北2県，関東8都県，九州2県の12県が浸潤県とされている．

本ウイルスは，他のヘルペスウイルスと同様に，一度感染すると回復後もウイルスが体内で神経節などに潜伏し，ストレス付加などにより再活性化，再排出する．このため，一度感染したブタは，耐過後であっても，その後生涯，感染源となるリスクを秘めている．

・対策：　本病に対しては，ワクチン接種による抗体の識別のためウイルス遺伝子の一部を欠損させた組換え体ワクチンが使用されている．本病の浸潤を許してしまった各国は，ワクチン接種を併用しながらの清浄化計画を推進しており，アメリカではすでに成功している．日本でも1991年以降，清浄化推進事業が継続されている．

11.2.6 日本脳炎

・原因および症状：　コガタアカイエカの媒介により，日本脳炎（Japanese encephalitis：JE）ウイルスに感染することで発症する繁殖母豚の死流産，雄豚の造精機能障害であり，感染発症率は高くはないが，日本では夏から秋にかけての異常産の多発の主要な原因の1つとなっている．

・対策：　本病に対しては，生ワクチンあるいは不活化ワクチンが市販されており，地域によっても異なるが4～6月頃に，生ワクチン1回，あるいは生・不活化の2回接種が一般的に行われている．臨床症状の確認された農場では，秋以降に不活化ワクチンの追加接種（3回目）を実施するケースもみられる．

11.2.7 豚パルボウイルス病

・原因および症状：　JEとともに，日本の養豚場における異常産の主要な原因として認識されている．豚パルボウイルス（porcine parvovirus：PPV）の抗体保有率は日本においてはきわめて高く，多くの農場では母豚群のほとんどが高い感染抗体価を示している．

・対策： PPV は，妊娠中以外の時期の感染では不顕性感染に終わるため，初回種付け前の育成母豚が高い抗体を示している農場では，野外ウイルスによる自然免疫で発症を免れると考えられる．ただし育成母豚の感染が遅れている農場ではワクチン接種が必要である．また近年 PCV2 の増悪因子としての報告もあることから，未経産豚を中心にワクチン接種を積極的に行う傾向にある．

11.2.8 豚伝染性胃腸炎

・原因および症状： 豚伝染性胃腸炎（transmissible gastroenteritis：TGE）は，コロナウイルスの一種である TGE ウイルスの感染による，きわめて急性で伝染性の強い下痢が主徴である．初感染の場合，症状はおもに分娩舎の哺乳豚から始まり，数日の間にほとんどすべての哺乳豚が水様性の下痢，嘔吐を示し，高い死亡率を呈する．死亡率はそれほど高くはないが離乳後の子豚，肉豚，さらには繁殖豚にも同様の下痢が発生することもある．本症発症時には豚舎内は独特の酸性臭を伴う．

・対策： TGE に対しては母豚接種ワクチンが市販されており，発症好発時期である冬場の分娩予定の母豚に対し接種するのが一般的である．母豚のワクチン抗体にばらつきが生じると，初乳からの移行抗体を充分付与できなかった哺乳豚で，散発的に発症する可能性がある．このような発症パターンを「常在型 TGE」と呼び，典型的な発症以外でも本病が関与している可能性もある．

11.2.9 豚流行性下痢

・原因および症状： TGE ウイルスと同じコロナウイルスに属する PED（porcine endemic diarrhea）ウイルスによる急性の下痢．本病は 1970 年代に英国で初めて報告され，その後欧州各国で浸潤が確認されたが，1990 年代以降は中国，韓国などの東アジアを中心に大規模な発生が報告されていた．TGE と症状は酷似しているが，特に哺乳豚の致死率は TGE より低いとされてきた．しかし 2013 年には，米国で大規模な感染爆発があり，半年後には日本でも大発生に見舞われ，症状はより重篤化し，哺乳豚の致死率は非常に高い．農水省の統計によれば，2013 年 10 月～2014 年 8 月までの約 11 ヶ月間に，38 道県，

817 農場で約 42 万頭もの子豚が死亡した.

・対策：　現在日本では生ワクチンが市販されているが，感染，発症を完全に防御できるものではなく，他の対策との併用が必要.

11.2.10　豚ロタウイルス病

・原因および症状：　豚ロタウイルス（porcine rotavirus：PRV）によって発症するブタの下痢は，おもに哺乳から離乳豚で高率にみられる．豚ロタウイルスはA～Gの 7 群に分類されるが，このうち特にA群，さらにはB，C群での発症が主体であるといわれている．野外の養豚場から，2001～2003 年に採取された哺乳豚の下痢 153 頭の 67.3%，離乳豚の下痢 116 頭の 71.7%からロタウイルスが検出されたとされ，哺乳から離乳期の感染が高率であることが示唆された（勝田ほか, 2006）．なおロタウイルスが検出された養豚場において, 継続的に採材を行ったところ，いくつかの血清群が入れ替わりながら出現される状況が確認されている．このような報告から，哺乳から離乳期にかけての下痢に対するロタウイルスの関与は大きいものと思われる.

・対策：　現在のところロタウイルスに対するワクチンは開発されておらず，繁殖母豚の馴致による免疫付与が重要と考えられる.

11.2.11　口　蹄　疫

・原因および症状：　口蹄疫（foot and mouth disease：FMD）は，ピコルナウイルス科アフトウイルス属に分類される FMD ウイルスによって発症する感染症で，口腔内，鼻鏡部，蹄，乳房などの皮膚，粘膜にびらん，水泡，潰瘍を形成し，発熱，食欲不振，跛行を呈する疾病で，ウシ等の反芻動物とブタで発症する．本疾病は世界各国で報告されているが，その経済的な損害の大きさから，国際獣疫事務局（OIE）は最も重要な家畜の伝染病（リスト A）に位置づけて，監視体制を継続している.

・対策：　本病は日本でも家畜の法定伝染病に指定され，さらには特定家畜伝染病防疫指針により特別の対応策が制定されている．日本での発生は 1908 年以降みられなかったが, 2000 年に宮崎と北海道の 3 農場で発生した．このときは幸い大発生には至らなかったが，10 年後の 2010 年 4 月から宮崎で再度発生し，初期の防疫対策が功を奏さず，最終的にはウシ約 6 万 8 千頭，ブタ約 22

万頭が殺処分される大被害となった．その後，関係者の奮闘により発生は宮崎県のみにとどめることに成功し，同年8月27日に終息を宣言できた．日本は再びFMD清浄国に復帰することができたが，国家防疫の重要性，発生初期の対応の重要性を改めて思い知らされる出来事であった．〔矢原芳博〕

参考文献

勝田　賢ほか（2006）：子豚下痢便からの病原微生物の検出成績．日本豚病研究会報，**48**：1-6.

喜田　宏（1993）：インフルエンザウイルスの生態：新型ウイルスの出現の機序と予測．ウイルス，**42**：73-75.

Shimizu, M. *et al*.（1994）：Isolation of porcine reproductive and respiratory syndrome（PRRS）virus from Heko-Heko disease of pigs. *J. Vet. Med. Sci*., 56：389-391.

末吉益雄（2011）：2010年宮崎で発生した口蹄疫について―口蹄疫発生現場での防疫業務～教訓として生かすために．日本豚病研究会報，**57**：11-15.

津田和幸（1997）：豚流行性下痢（PED）の診断と対策．日本豚病研究会報，**31**：21-28.

恒光　裕（2009）：日本の養豚産業で問題となっている常在性ウイルス感染症．ウイルス，**59**：167-178.

山田俊治（2008）：オーエスキー病の現状とその清浄化に向けて．日本豚病研究会報，**52**：25-28.

Wensvoort, G. *et al*.（1991）：Mystery disease in the Netherlands:the isolation of Lelystad virus. *Vet. Quart*, **13**：121-130.

11.3　原虫・寄生虫性疾病

11.3.1　寄生虫病の発生動向

昭和50年代以前は，多くの養豚場で多様な寄生虫疾患が高率に発生した．しかし，現在では豚鞭虫症，豚回虫症，コクシジウム症および豚疥癬などが主で他の寄生虫病は臨床的に著しく減少している．筆者は1980年代に豚肺虫症やトキソプラズマ病を多数経験したが，1990年代以降はほとんどない．現在の養豚場は施設の近代化が進み，豚と土との接触がほとんど見られない．そして，豚房の洗浄・消毒および定期的な駆虫などが徹底して行われるようになったことに加え，清浄度の高い繁殖素豚の導入を積極的に行うなど衛生管理が飛躍的に向上してきている．このことが寄生虫病減少の大きな要因と思われる．しかし，豚鞭虫症，豚回虫症，コクシジウム症および豚疥癬などの発生は減少しているものの，未だ経済損失の大きな疾病である．すなわち，糞中に排泄させる線虫卵やコクシジウムは環境温度や消毒薬に抵抗性が高い．またヒゼンダニは接触感染で伝播するので，ストール舎で繁殖豚を飼育することが主流の近代養豚では，感染を防止することは困難である．これらの寄生虫は飼育環境によっては容易に集団発生を起こし易く，地域的に寄生虫病の汚染度を高める結果となっている．

11.3.2 原虫性疾病

a. クリプトスポリジウム

クリプトスポリジウム（*Cryptosporidium*）は人獣共通感染症の病原体であり，*C. parvum*，*C. muris* の 2 種類がブタで認められている．

・寄生部位： 小腸

・おもな症状および特徴： 症状は不明．ヒトでは *C. parvum* の感染により激しい下痢を起す．家畜の糞尿の水源汚染がヒトへの感染源となる．

b. コクシジウム

コクシジウム（Coccidium）には *Eimeria* 属（*E. debriecki*，*E. scabra*，*E. spinosa* など 9 種）および *Isospora* 属（*I. suis* など 3 種）が知られる．ブタの多くがコクシジウムに感染しているが，病原性が明確なものは *I. suis* である．

・寄生部位： 小腸

・おもな症状および特徴： *I. suis* が哺乳豚に下痢を起す．生後 5〜10 日齢の哺乳豚に黄緑色泥状〜褐色水様便を伴う激しい下痢を起こす（図 11.3）．生後 7 日齢以降の下痢便中に *I. suis* オーシストが多数確認されると本病診断の決め手となる．この時期に排泄されるオーシストはすべて大きさが一様であり，す

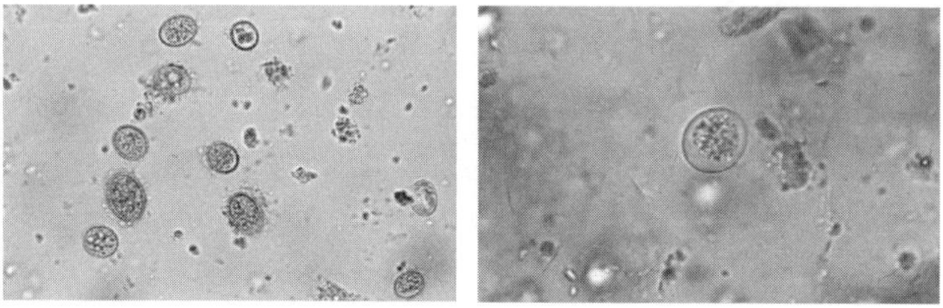

図 11.3 コクシジウム
左：母豚の糞便中から検出されたコクシジウムのオーシスト（4 種類）．
右：哺乳豚の下痢便中から検出された *I. suis* のオーシスト．

べて *I. suis* といっても過言ではない.

・対策：　発症豚にはST合剤で治療を行う．ただし，大腸菌やクロストリジウムなど，他の細菌感染を併発している場合があるので，細菌検査を必ず実施する．予防には生後7日以内にトルトラズリルを20 mg/kg単回経口投与する．分娩豚房に糞が残らないように徹底して洗浄を行う．こうすることで，分娩房内のオーシストの除去が可能となる．そして，塩素系またはアルデヒド系の消毒剤を散布し，5日以上豚房を乾燥する．これは，コクシジウムと混合感染する病原性大腸菌やクロストリジウムなどの消毒効果を期待するためである．そして，分娩舎内は毎日清潔にして，ハエやネズミの駆除を行い本病の伝播の防止に努める．

c. トキソプラズマ

トキソプラズマ（*Toxoplasma gondii*）は人獣共通感染症の病原体である．トキソプラズマはネコのコクシジウムの一種で，このオーシストをブタが摂取すると，トキソプラズマ原虫の増殖型となりトキソプラズマ病を発症する．トキソプラズマに感染した豚肉をヒトが生食するとヒトに感染する．現在では，ブタのトキソプラズマ病はほとんど認められないので，本病は生産病というよりは公衆衛生上重要な疾病となっている．

・寄生部位：　増殖期型は実質臓器（特に肺），リンパ節．シストは脳，筋肉

・おもな症状および特徴：　増殖期型が寄生細胞内で急激に増殖し細胞を破壊し，さらに別の細胞に寄生し分裂増殖を繰り返すことで，組織の破壊，壊死，出血が起こる．症状は，発熱（40～42℃），チアノーゼ（耳翼，鼻端，体表），沈うつ，食欲廃絶，起立不能などがみられる．チアノーゼ部分の皮下漏出性出血，肺の全葉性出血性水腫，リンパ節の出血・壊死を伴った腫脹が特徴的病変である．

・対策：　治療はスルファモイルダプソン10～20 mg/kg筋注を2～4日間実施する．予防には定期的（季節の変わり目）に繁殖豚へスルファモイルダプソン2.5～5.0/kgを5日間経口投与する．現在では，臨床型の発生がなくなり，抗体陽性豚もほとんどみられなくなった．これは，養豚場がネコの侵入防止に努めていることや定期的な薬剤による予防も定着している．また，ST合剤の普及も発症防止に関係していると思われる．しかし，ネコの侵入防止や豚舎の洗浄・消毒は，引き続き重要である．

11.3.3　内部寄生虫性疾病

養豚では消化管内線虫，特に豚鞭虫と豚回虫が重要である．腸結節虫，糞線虫，紅色毛様虫は発生例が少なく，生産病を引き起こすか確認されていない．

a.　鞭虫（*Trichuris suis*）

・中間宿主：　なし

・寄生部位：　盲腸および結腸粘膜

・おもな症状および特徴：　ブタが鞭虫卵を多量に接種すると軟便〜泥状便を排泄するようになる．重症例では赤褐色水様便を排泄し，削痩・貧血を呈し死亡する．発酵おがくず床豚舎では，豚便虫の幼若虫の多量寄生により，急性の豚鞭虫症が発生する．これに罹患すると，肥育豚の多くが死亡または発育不良となる（図 11.4）．罹患豚は肺炎などの合併症を併発しやすい．夏場はおがくずの発酵温度が上昇するために，鞭虫卵の発育が促進され，感染子虫が虫卵内に形成される．この豚鞭虫卵を移動直後のブタが多量に摂取することにより，急性症状が現れる．

・診断：　発症は発酵おがくず床豚舎に限られている．下痢便と豚舎内のおがくず床の泥濘部分の虫卵検査を行い，豚鞭中卵を確認する．しかし，幼若虫の寄生による場合は，糞便虫に虫卵が排泄されないので，死亡豚の盲腸または結

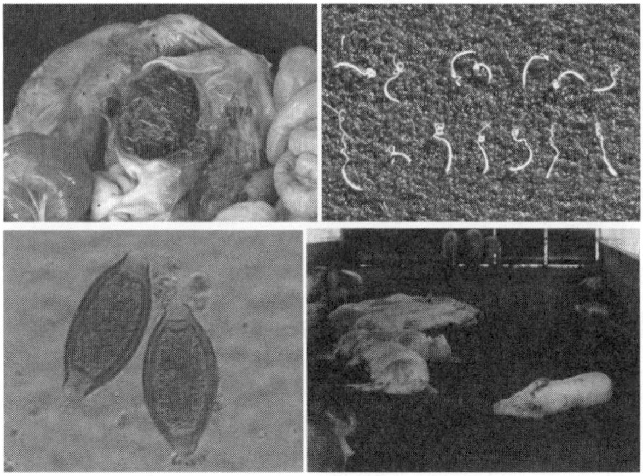

図 11.4　豚鞭虫
上左：結腸漿膜面への豚鞭虫の多数寄生．
上右：結腸粘膜に寄生していた鞭虫．
下左：豚鞭虫卵．
下右：豚鞭虫症発症豚；活力なく，削痩．

腸に豚鞭虫の幼若虫が多数寄生していることを確認する．さらに，豚舎内のおがくずに感染子虫が形成されている豚鞭虫卵が多数存在することを確認する．

・対策： おがくず豚舎では必ず定期的にフルベンダゾール，フェンベンダゾール，イベルメクチンの飼料添加を行う（表 11.2）．鞭虫卵は十二指腸でハッチする．また，モランテル製剤は十二指腸から吸収される．また，鞭虫は十二指腸で孵化するので，豚が少数の鞭虫卵を摂取した場合は駆虫効果があるが，多数の鞭虫卵を摂取した場合は十二指腸を通過する虫卵が多くなるので駆虫効果が期待できない．

表 11.2 内部・外部寄生虫駆虫薬一覧

製品名	成分分量	内　部	外　部	用　法	用　量
アイボメック注［メリアル］ イベルメクチン注［フジタ］ タナメックス注 イベルメクチン［フジ］注	イベルメクチン 10 mg/1 mL 含有	豚回虫，豚腸結節虫，豚糞線虫，豚鞭虫，豚肺虫	疥癬ダニ，ブタジラミ	皮下注射	1 回 0.03 mL/kg 体重
デクトマックス	ドラメクチン 10 mg/mL 含有	豚回虫，豚腸結節虫，豚糞線虫，豚鞭虫	疥癬ダニ	頸部筋肉内注射	1 回 0.03 mL/kg 体重
アイボメックプレミックス 0.6% イベルメクチン散 0.6%［フジタ］ カイザード液 0.6%	イベルメクチン 0.6 g/100 g 含有	豚回虫，豚腸結節虫，豚糞線虫	疥癬ダニ，ブタジラミ	経　口	1 日 イベルメクチンとして 100 μg/kg 体重 ×7 日間
イベルメクチン散 0.04%［フジタ］	0.04 g/100 g 含有				
フルモキサール散 5%	フルベンダゾール 5 g/100 g 含有	豚回虫，豚腸結節虫，豚糞線虫，豚鞭虫，豚肺虫		経　口 飼料添加	1 日 1 回 100～200 mg/kg 体重 500～600 g/t 飼料 ×3～5 日間
フルモキサール散 50%	フルベンダゾール 50 g/100 g 含有			経　口 飼料添加	1 日 1 回 10～20 mg/ 体重 50～60 g/t 飼料 ×3～5 日間
メイポール 10	フェンベンダゾール 10 g/kg 含有	豚回虫，豚腸結節虫，豚鞭虫		経口(豚回虫，豚腸結節虫)	1 日 300 mg/kg 体重 ×3 日間
				飼料添加(豚鞭虫)	1～1.5 kg/t 飼料 ×3～4 週間
塩酸レバミゾール散 100 レバミゾール［住友］ リペルコール L レバミゾール［コーキン］-100	塩酸レバミゾール 100 mg/g 含有	豚回虫，豚腸結節虫，豚糞線虫，豚肺虫		経口，飼料添加，飲水添加	1 日 50 mg/kg 体重
バンミンス-M	酒石酸モランテル 1 g 中，モランテルとして 100 mg 含有	豚回虫，豚腸結節虫，ランソム桿虫		経　口	1 日 1 回 0.5～1.5 g/10 kg 体重
ピペランミタカ末	アジピン酸ピペラジン	豚回虫		経　口	1 回 200～500 mg/kg 体重
ヤマピラジン	クエン酸ピペラジン	豚回虫		経　口	1 回 180～460 mg/kg 体重
硫酸ピペラジン［三共］	硫酸ピペラジン	豚回虫		経　口	1 回 160～400 mg/kg 体重

b.　豚回虫（*Ascaaris suum*）

・中間宿主：　なし

・寄生部位：　幼虫は肝臓および肺．成虫は回腸腔

・おもな症状および特徴：　子虫が肝臓を穿孔した（体内移行時）傷跡が肝白斑である．これが認められた肝臓は廃棄の対象になる．穿孔直後は肝臓表面に褐色の半円形に隆起した穿孔痕が形成される．これは次第に収縮し白点様，いわゆるミルクスポットとなる．さらに，これが白色斑から淡い雲状となり，拡散し消失する．白斑は消失するまでに2ヶ月程度を要する．このため，白斑の状況により感染時期が推測できる．なお，現在では成虫の大量寄生による発育障害は少なく，食肉処理場でも1頭に数匹の成虫の感染を認めるにすぎない．しかし，衛生的な農場でも分娩前の駆虫で成虫が散見される（図11.5）．

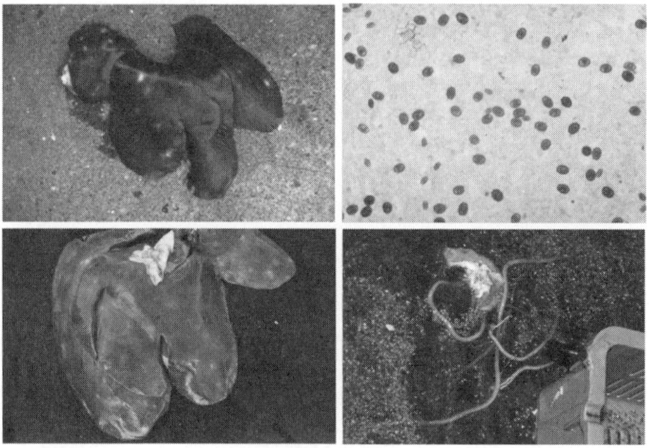

図11.5　豚回虫
上左：ミルクスポットにより廃棄された肝臓．豚回虫の迷入後間がない．
上右：糞便中の回虫卵．
下左：ミルクスポットにより廃棄された肝臓．ミルクスポットが淡く輪郭が不明瞭．
　　　回復期．
下右：食肉検査場の出荷豚から検出された豚回虫．

・診断：　飼育環境内の糞便から豚回虫卵の検出を行い，食肉処理場の廃棄状況とあわせて感染時期を特定する．肥育豚の直腸便からでは虫卵を検出できない場合があるので，必ず環境から虫卵が検出されるか検査をする必要がある．この際，土壌線虫が多数検出されることがある．このような場合，糞線虫と区別するために，専門家に同定を依頼する必要がある．

・対策： 回虫卵が残らないように，肥育豚の移動後に舎内の糞を徹底して除去する．糞が残りやすい隙間や床の亀裂などは埋める．モランテル製剤，フルベンダゾール，フェンベンダゾール，イベルメクチンの飼料添加を行う（表11.2）．

c. 豚肺虫（***Metastrongylus apri***）

本病は，シマミミズをブタが摂取しなければ感染しない．現在では豚舎の近代化により発症は激減した．しかし，老朽化した豚舎や泥濘となっている放牧場のある養豚場では感染の危険がある．最近，放牧養豚が一部の養豚家の間で広まっており，発生が危惧される．

・中間宿主： シマミミズ

・寄生部位： 肺

・おもな症状および特徴： 気管支炎．乾いた大きな咳をする．

・対策： コンクリートの上にシマミミズが多数目撃される場合は，周辺土壌に石灰またはゾール剤を散布する．そして，フルベンダゾール，フェンベンダゾール，イベルメクチンの飼料添加を行う（表11.2）．

11.3.4 外部寄生虫性疾病

a. ヒゼンダニ

ヒゼンダニ（*Sarcoptes scabiei*）は豚疥癬を引き起こす．

・寄生部位： ブタの皮膚に穿孔して，組織液や上皮細胞を摂取して繁殖する．伝播は接触感染によって起こる．

・おもな症状および特徴： ダニが皮膚内を穿孔する際の直接刺激や分泌物に対しての反応から，強いかゆみ，脱毛，表皮の過形成を伴う皮膚炎が特徴である．病変は皮膚が柔らかい眼瞼周囲，耳翼，内股部に始まり，重症例では全身に病変が及ぶ．肥育豚では掻痒のストレスによる発育低下と皮膚病が起こる．繁殖豚では掻痒のストレスによる繁殖性の低下が問題となる．繁殖豚を自家育成している養豚場では，肥育豚と繁殖候補豚を同居させておくと，繁殖候補豚が媒介者となる．乾燥した冬に発生が拡大することが多い．これは，豚どうしが寒さよけに重なり合うことで，感染が拡大するためである．また，肺炎発生後などは，豚の体力低下が起こり疥癬症が顕著に認められる場合がある．

・対策： 発症豚にはイベルメクチンまたはドラメクチン製剤の注射を行う．予防は，分娩前の繁殖豚にイベルメクチンまたはドラメクチン製剤の注射を行うか，イベルメクチン製剤の飼料添加を行う．肥育豚で発症下顕著な場合は発症前の段階の飼料にイベルメクチン製剤の飼料添加を行う．発症豚舎は洗浄を念入りに実施する．また，前述に加え，繁殖豚舎の定期的な洗浄と 2–セカンダリーブチルフェニル-*N*-メチルカーバメイトの 500〜700 倍溶液を定期的に豚体噴霧するとより効果的である（表 11.2）.

b.　ブタジラミ

ブタに寄生するシラミはブタジラミ（*Hematopinus suis*）1 種類だけであり，ブタのみに寄生する．ブタジラミは世界中のブタに寄生している．

・寄生部位：　耳翼の背則，頸部，腋下，腹部側面が好寄生部位である．

・おもな症状および特徴：　ブタジラミの吸血に伴う掻痒が主である．多数寄生で子豚の貧血，ストレスによる食欲減退や不安，また，掻痒を減弱させるために体を柵などに擦り付けることによる皮膚の挫創や感染性皮膚炎を起こす．冬期に発生が多い．

・対策：　疥癬の駆虫薬が有効である．疥癬の項に準ずる

11.3.5　寄生虫病体策の基本的考え方

寄生虫病は繁殖豚群に常に潜伏感染している．そして，発育環に好適な環境条件が満たされれば，急激に伝播する．さらに，多頭飼育集約生産が行われている養豚場で発生した場合は，経済損失が大きい．したがって，臨床症状が現れている場合はすみやかな鎮静化対策が必要である．特に，寄生虫は環境汚染を起こすことから，再発防止策や清浄化対策は重要となる．したがって，繁殖豚へ徹底した駆虫の実施そして肥育豚の寄生虫伝播の防止など日常の管理に寄生虫対策をプログラム化しておき，寄生虫に強い飼育管理を常に行う必要がある．そして，予防衛生指導に携わる獣医師が寄生虫の浸潤状況を定期的に調査し，対策実施の効果を判断し，状況に応じた対策案の提示を行うことが重要である．

〔渡辺一夫〕

11.4　効果的な衛生対策の構築

日本の養豚は高度経済成長期に国民の食肉消費量が拡大したことに伴って発

展してきた．しかし飼養規模拡大とともに，養豚場で発生する疾病も複雑化し農場の衛生対策も大きく変換した．1戸あたりの飼育頭数が少なかった時代の養豚獣医療は個体診療が主体であったが，1戸あたりの飼養頭数が増えてくると，従来型の個体治療では対応しきれず，甚大な経済的被害を出してしまう状況が多くなってきた．このような背景のなかで，養豚場の衛生管理は，個体管理から群管理へと変わっていった．現在の養豚獣医療は，豚群全体の健康をどのようにして守るのか，という予防衛生を中心とした養豚獣医療が主体となっている．

11.4.1 予防衛生のために

衛生対策の基本は，下記のような厳格な農場のバイオセキュリティーを確立することである．

①飼養衛生管理基準の遵守

②マネージメントシステム（農場運営システム）：HACCPの手法を農場のマネージマントシステムとして取り入れることで，農場の衛生レベルを向上させることができる．

③消毒：消毒はバイオセキュリティーの重要な武器で防疫の第一歩である．その目的や用途・対象によって，さまざまな消毒薬と消毒方法が用いられている（表11.3）．

表11.3 環境消毒薬の一般的特徴

	希釈液安定性	散布時刺激性	散布後腐食性	製剤毒性
逆性石けん	良い	少ない	少ない	低い
塩素剤	悪い	強い	あり	普通
ヨード剤	悪い	あり	あり	普通
オルソ剤	普通	強い	あり	高い
アルデヒド剤	良い	強い	少ない	発がん性

消毒方法の実際

（1） 消毒方法と器具

・農場の入口への車両消毒用器具の設置： 車両が消毒用ゲートに入ると自動で消毒液が噴霧されるものから，手押しポンプ式まで，さまざまな車両消毒方法がとられている．車両の乗員（運転手）には，運転席から降車時にビニールのオーバーシューズを使用してもらう．

・手指の消毒：　作業の前後には必ず手指消毒を励行する．手指消毒用の手押しポンプ付のものがある．

・ヒトの消毒：　生産エリア（クリーンエリア）への出入時は，シャワーイン・シャワーアウトが基本である（図 11.6）．

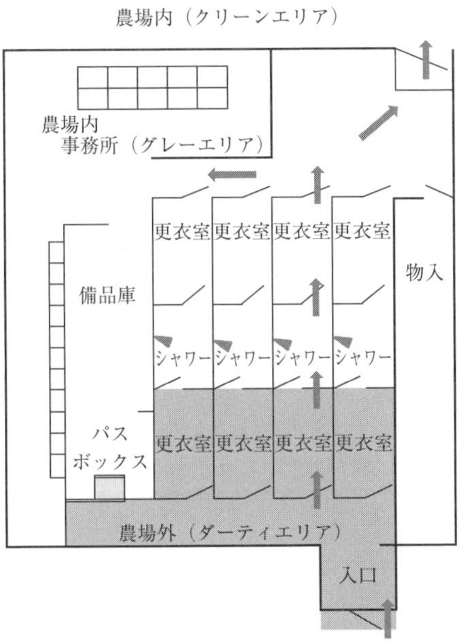

図 **11.6**

・豚体消毒：　多くの病原体はそれ自体が単独で存在しているわけではなく，ほこりなどに付着しているケースが多いので，空間消毒は有効である．また，発泡消毒は消毒剤の付着時間が長いぶん，消毒効果が高いといえる．

(2)　豚舎間で病原体を広げない

農場内で豚舎間を一番頻繁に行き来するのはヒトである．したがって豚舎を出入りするときには，「病原体を持ち込まない」「持ち出さない」を心がける．

・豚舎間，豚房間を結ぶ通路：　ブタの移動通路は繁殖豚，離乳子豚，出荷豚まで１つの通路を共有しているケースが多い．交差汚染を防ぐために専用の移動用具を使用するのもよいが，ブタの動線とヒトの動線を根本的に見直し，交差汚染が起きないピッグフローを構築することが重要である．

・移動用道具（トラック，バケット，コンテナなど）：　使用した器具の十分な洗浄，消毒そして乾燥時間をとることが重要である．使用目的ごとに複数台用意すると，交互に使用することで十分な洗浄・消毒・乾燥時間がとれる．

・管理システム（オールイン・オールアウト）：　バッチファローシステム（日本ではグループ分娩）は，小規模農場でのオールイン・オールアウト（AI/AO）管理を可能にした．日本では「3-7」と呼ばれる，繁殖豚を7つのグループに分け3週間単位で管理するシステムが多い．同一豚群の日齢差は免疫保有状況の違いを考慮して1週間以内にするべきである．

（3）　器具機材で病原体を広げない

・注射器：　注射針からのPRRSV伝搬が知られている．注射針を1頭1針にして，使用後は洗浄・消毒・乾燥し再汚染を防げる適切な場所に保管する必要がある．

・去勢・抜歯・断尾・耳刻切りの道具：　創傷感染防止のためにも，器具の消毒と傷口の消毒は徹底すべきである．

（4）　ヒトが病原体を広げない

・長靴：　衛生管理区域内に入る場合の長靴履き替え徹底．異なる管理エリアに入るときには長靴の色を変え，管理区域をより明確にする．

11.4.2　健康な繁殖豚からの生産

繁殖母豚の衛生レベルはとても重要である．繁殖豚を選定するときにヘルスステータスの高いブタを選択するのも衛生対策の重要なポイントである．

a.　SPF豚，MD豚

日本のSPF豚は萎縮性鼻炎，オーエスキー病，豚赤痢，マイコプラズマ肺炎，トキソプラズマ感染症，の5つの疾病をフリーとしているが，豚繁殖・呼吸障害症候群（PRRS），豚胸膜肺炎についてもフリーが一般的である．MD豚（ミニマムディジーズ豚）は病気を最小限に抑えたブタと説明されており，SPF豚のように具体的な疾病をあげていないが衛生レベルは高く，わが国の多くのハイブリット豚はMD豚である．

b.　閉鎖群による繁殖豚の自家育成

PRRSに代表される疾病のコントロールの取り組みの1つで，外部からのブタの導入を止め，閉鎖群で繁殖候補豚を自前で作る方法である．母豚群の免疫安定を早く求められることと，繁殖豚の更新費用を低く抑える目的で採用されている．

11.4.3 戦略的衛生対策のために

a. 病性鑑定

死亡豚や発症豚を鑑定殺して解剖し，疾病の状況を確認・調査する方法である．病変を肉眼で見ること，および組織像を顕微鏡下で見ることで，微生物検査の結果とあわせ，より正確な原因究明ができる．病性鑑定の精度向上のためには死亡豚ではなく鑑定殺したブタをなるべく多く用いるのがよい．

b. 疾病のモニタリング

モニタリングは過去の病歴を追跡する検査である．検査材料は血液や糞便，鼻腔スワブ等で，最近では唾液などもモニタリングの材料として使われている．また，屠場の食肉衛生検査所からのデータも重要なモニタリング結果としてとても有用である．農場の生産記録も衛生対策を検討するうえで重要なモニター材料である．

c. ピッグフローとオールイン・オールアウト

ピッグフローとはブタの生産の流れである．生まれてから出荷まで一方通行で移動し，日齢の異なる豚群との接触を避け，逆戻りせずに豚群を出荷まで進めるのがより良いピッグフローである．このピッグフローをオールイン・オールアウト方式（AI/AO）で行うのが，最適なピッグフローとなる．AI/AO は，ブタを豚房（室単位）または豚舎単位ですべて完全に排出した後，洗浄消毒を行った後に新たにブタを導入する方式である．AI/AO の直接的な効果は，ブタの流れを一時遮断することで疾病の連鎖を断ち切ることによるものである．

また近年は繁殖農場，子豚育成農場，肥育農場をそれぞれ別の場所に設けるスリーサイト方式や，繁殖（サウセンター）と離乳・肥育（ウイントゥフィニッシュ）を別にしたツーサイト方式がアメリカで増えている．国内でもすでにウイントゥフィニッシュのシステムを取り入れた農場も出てきている．

d. 環　境

ブタを取り巻く環境条件は衛生管理上とても重要である．

(1) 換　気

開放豚舎の換気管理はカーテン管理によって行うことが多いので，カーテンの破損は補修し，開閉器具は完全に稼働する状態にしておくことが重要である．開放豚舎は屋根の形態によって換気方法が異なるので注意が必要である．ウィンドウレス豚舎（図 11.7）は換気のコントロールを機械的に行うので，コントローラーの性能・能力はとても重要である．また室内の気密性が換気の成否の大きなポイントになり，すのこの下は糞尿を溜め込むピット方式が理想である．

図 11.7　ウィンドウレス豚舎

(2)　温　度

温度管理は衛生対策以前の基本である．特に哺乳豚は皮下脂肪も薄く保温に留意する必要がある．哺乳豚が体を冷やしてエネルギーを消耗させてしまい，初乳が十分泌乳できない状況となることは健康な子豚を作るうえで問題である．

(3)　湿　度

実際にブタが感じる体感温度には，気温のほかに湿度と風速が関係してくる．温度と湿度をもとに熱量指数を計算して，また風速との関係も考慮しながら，ブタの快適エリアに近づけることが重要である．

11.4.4　戦略的衛生対策の実践

問題となる疾病の重要度と農場内での疾病の浸潤度や対策に使える武器（薬剤，ワクチン，施設など）を確認し，その武器の使用効果を最大限にする方法を１つ１つ戦術としてまとめ，戦略（対策）を立てる．対策においては費用対効果も重要な検討材料になる．

a.　総合衛生対策

ブタの疾病の原因は数多くあるが，病原体が変わったからといって対策そのものが大きく変わるものではない．疾病対策を進めるには，前項で述べた基本的な対策を履行したうえに，さらに戦略的対策を積み上げることで，最も高い効果を得ることを目指す．

(1)　清浄化またはコントロールの選択

清浄化とコントロールとは決して別々の道ではなく，同一線上の事柄である．疾病によっては清浄化は困難で，ある程度コントロールできれば十分という目標設定もありうる．まずは，この疾病は清浄化できるものなのかという判断を行う．それにはこれにかかる費用も含めて実現可能かという検討も含む．

(2)　抗菌剤

抗菌剤の選択は薬剤感受性を確認して選ぶべきである．やみくもな抗菌剤の投与は，効果が望めないばかりか耐性菌の増加にもつながる．

・注射：　注射（筋肉注射，皮下注射，静脈注射）は通常，動物用の注射器を用いて接種する．抗菌剤だけでなくワクチンやホルモン製剤なども注射することが多いので，注射器はワクチン用と抗菌剤用など用途別に分け，使用後はすみやかに洗浄し煮沸消毒し乾燥後衛生的な保管をする．

・経口投与：　飼料および飲水を通して抗菌剤を投与する方法である．飼料添加の場合は薬剤添加装置などを利用すると精度の高い薬剤添加ができる．飲水投与の場合は自動薬液投与装置などを用いるのが一般的で，必要なときに素早く使用でき，食欲のない病豚に対しても確実に薬剤を飲ませることができる．

(3)　ワクチン

ワクチンには生ワクチンと不活化ワクチンがある（次頁表 11.4）．投与方法は注射が一般的であるが，経口投与のワクチンもある．各ワクチンの特徴をよく理解してワクチンを選択すべきである．

b.　**衛生プログラムの具体例**

実際に養豚場で採用している衛生プログラムの例を次々頁に紹介する（図 11.8）．衛生プログラムは一度決めたら変わらないという性質のものではなく，常に最高のパフォーマンスを求めて改善していくことが必要である．見直しは農場の状態を判断するための生産記録や病性鑑定，モニタリング，そして地域の衛生状況などを総合的に判断して行う．この一連の作業は養豚場の運営が続く限り継続しなければならない．しかし，コントロールから清浄化につなげていける疾病が増えれば，衛生プログラムはそれに伴ってシンプルになりコスト

表 **11.4**　ブタの疾病とワクチン

ウイルス疾病	生ワクチン	不活化ワクチン	細菌疾病	生ワクチン	不活化ワクチン
オーエスキー病	○		豚胸膜性肺炎（App）		○
サイトメガロウイルス病			炭　疽		
ブタの脳心筋炎			萎縮性鼻炎（AR）		○
豚エンテロウイルス性脳脊髄炎			クロストリジウム感染症		○
豚流行性下痢（PED）	○		豚丹毒	○	○
伝染性胃腸炎（TGE）	○	○	ブタの大腸菌症		○
豚ロタウイルス感染症			豚マイコプラズマ肺炎		○
豚呼吸器型コロナウイルス病			グレーサー病		○
豚繁殖・呼吸障害症候群(PRRS)	○		レプトスピラ病		○
豚インフルエンザ		○	ブタのパスツレラ肺炎		
豚痘（ポックスウイルス）			腸腺腫症候群（PPE）	○	
豚サーコウイルス感染症		○	ブタのサルモネラ症		
ブタの日本脳炎（流行性脳炎）	○	○	ブタの連鎖球菌症		○
			豚赤痢		
			ブタの抗酸菌症		

の削減にもつながっていく．そのためには歩を止めずに着実に衛生対策を前に進めることが重要である．　　〔大井宗孝〕

参考文献

福富和夫ほか（2005）：疫学研究における信頼性と妥当性，標本抽出．獣医疫学（獣医疫学会編），pp.25-34；43-56，近代出版．

呉　克昌（2005）：先進的養豚場におけるバイオセキュリティー．Biosecurity バイオセキュリティー，pp.80-110，ウイリアムマイナー農業研究所．

岩谷　信（1991）：環境空気が動物の代謝に与える影響．ウインドレスのすべて，pp.45-52，チクサン出版社．

大井宗孝（2011）：疾病モニタリング．平成 23 年度管理獣医師等育成支援事業（衛生管理獣医療具術及推進事業）豚の使用衛生管理手引書，pp.80-86，家畜衛生対策推進協議会．

大井宗孝（2012）：抗体モニタリング検査による疾病コントロール．家畜診療，**59**(3)：139-142.

Ramirez, A. *et al*. (2012)：Herd Evaluation. *Diseases of Swine 10th edition*, pp.15-17.

山本孝史（2010）：ますます複雑化する養豚の疾病問題．ハイヘルス養豚への挑戦（日本 SPF 協会編），pp.18-31，アニマルメディア社．

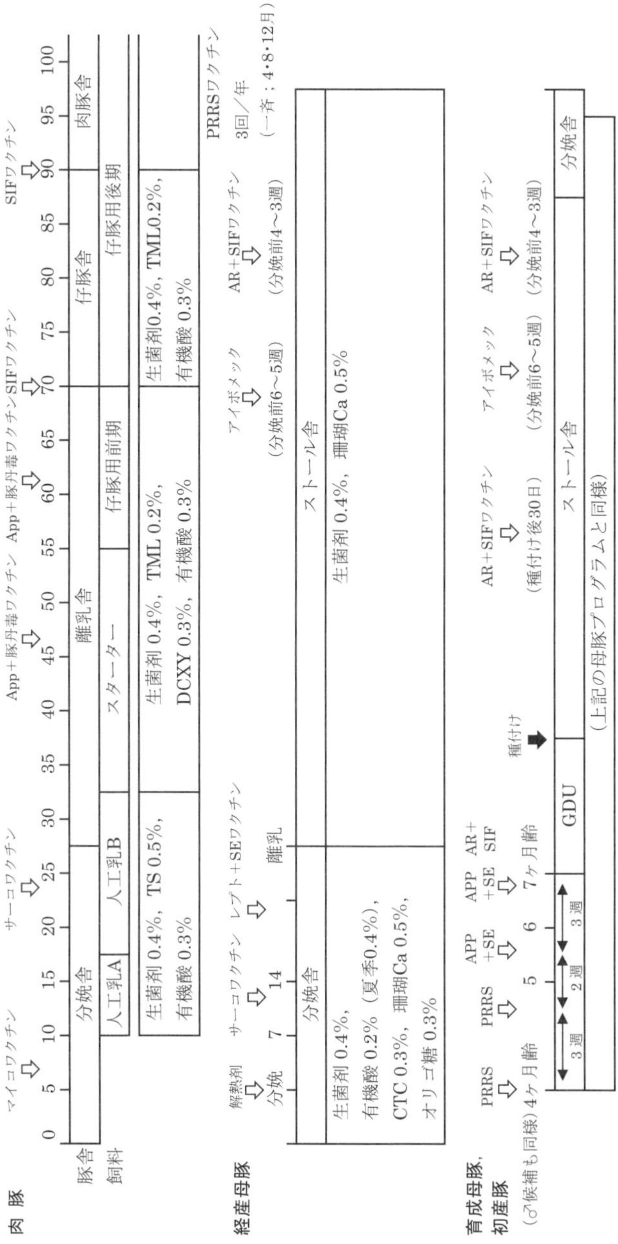

図 11.8　衛生プログラム例

12. 養豚の環境問題とふん尿処理

12.1 環　境　問　題

12.1.1 養豚経営の背景

1999 年に制定された「食料・農業・農村基本法」では自然循環を維持増進した持続的発展が農業に求められている．つまり，養豚の持続的発展のために，経営の安定と環境保全の両立が求められている．

家畜ふん尿を堆肥などの資源に変換・有効利用することは重要なので，資源変換技術を駆使し，環境保全を実現することが切望される．2007 年に「家畜排せつ物法」の基本方針が改訂され，新たな基本方針として，2015 年度を目標年度とし，①耕畜連携の強化，②ニーズに即した堆肥づくり，③家畜排泄物のエネルギーとしての利用などの推進にポイントを置いた内容となった．一方では「食品リサイクル法」（食品循環資源の再生利用の促進に関する法律：2000 年）の定めにあるように，食品廃棄物を飼料や肥料に再生利用させる対応もなされるようになってきた．

12.1.2 養豚に関する環境問題

畜産経営に起因する環境汚染問題は年々減少し，ここ数年横ばいになっている．しかし，この間の畜産農家戸数の減少はより顕著であった．養豚農家数は 1973 年の 32 万戸から 1996 年の 1 万 6000 戸に減少し，さらに 2014 年は 5300 戸となった．そのため，農家 1000 戸あたりの問題発生戸数は，養豚の場合，1973 年の 17 戸/1000 戸から，1996 年の 59 戸/1000 戸とじつに 3.5 倍に増加した．しかし，その後は法律の運用効果もあり 2013 年には 433 戸/1000 戸と減少している．

表 12.1 畜産経営に起因する環境汚染問題発生件数（( ) 内は%）（農林水産省，2013）

区　分	悪臭関連	水質汚濁関連	害虫発生	その他	合　計
乳用牛	391（29.7）	120（24.9）	18（18.2）	101（39.0）	580（29.4）
肉用牛	223（16.9）	94（19.5）	14（14.1）	63（24.3）	364（18.6）
豚	406（30.9）	204（42.3）	12（12.1）	46（17.8）	587（29.8）
鶏	242（18.4）	50（10.4）	51（51.5）	24（9.3）	348（17.7）
その他	54（4.1）	14（2.9）	4（4.0）	25（9.7）	91（4.6）
合　計	1316（100.0）	482（100.0）	99（100.0）	259（100.0）	1970（100.0）
構成%	61.0	22.4	4.6	12.0	100

具体的な苦情発生件数を表 12.1 に示す．最も苦情が多いのは悪臭関連であり，畜種別では養豚，酪農，養鶏，肉牛，その他の順である．次いで水質汚濁関連，害虫発生，その他となっている．

畜産環境問題は感覚を介して苦情対象となる問題（悪臭や水質汚濁など）と，感覚を介せずに科学的調査で確認される問題（地下水の硝酸汚染，土壌の窒素過剰，地球温暖化など）に区分される．畜産領域で問題となるのは水質汚濁，悪臭，害虫発生，騒音，農作物への影響があげられる．

a. 水質汚濁

水質汚濁は環境問題の25%を占めている．原因として施設の老朽化や処理能力以上の廃水の処理を行い，その排水が基準値を上回るような場合がある．まれに，豪雨などによる異常時に貯留槽があふれたり，ラグーンが決壊したりして，未処理あるいは不完全処理の水が場外に出ることがある．

b. 悪　臭

環境問題の半数を占める悪臭を制することが環境問題の対策の要点といっても過言でない．これはふん尿や，残飯・エコフィードなどの飼料からの臭気発生のほか，家畜の体臭にも由来している．

c. 害虫発生

ふん尿，飼料，豚体を起因として，カ・ハエ・ノミ・アブなどのさまざまな衛生害虫が発生する．周辺の環境を浄化し，水溜りや湿潤地の整備，残飯類や生糞の長時間の放置をやめ，殺虫剤による殺虫を行う．

d. 騒　音

給飼，闘争，捕獲（移動，治療，出荷）することによる騒音発生は臭気，害虫発生と並んで問題となる．この対策に大きく貢献するのは，畜舎のウィンドウレス化（閉鎖式豚舎）である.

e. 農作物への影響

ふん尿は窒素が多いのが特徴である. 処理が十分でない水を放流し, その水で水稲栽培すると, 稲は窒素過剰で青立ち状態（大きくなるだけで, 稲穂が結実しない）となったり倒伏する場合もある. この対策には排水の脱窒が不可欠である.

12.1.3 畜産環境に関する法規制

畜産経営をとりまく環境関係の法律には,「家畜排せつ物法」(家畜排せつ物の管理の適正化及び利用の促進に関する法律:1999 年）のほか, 環境基本法をもとにした「水質汚濁防止法」や「悪臭防止法」などが関係する. 環境基本法は従来の公害対策基本法（1967 年制定）に替わって, 新たに環境保全型社会の形成と地球環境保全の概念を盛り込み 1993 年に制定された.

a. 家畜排せつ物法

新農業基本法を受けて, 1999 年に「家畜排せつ物法」が,「持続性の高い農業生産方式の導入の促進に関する法律（持続農業法)」,「改正肥料取締法」など, いわゆる農業環境三法の 1 つとして施行された.

家畜排せつ物法は畜産業の健全な発展を図るため, 素堀と野積みを禁止し, 家畜排泄物の適正な管理（処理・保管）に必要な事項を定め, 処理高度化施設を整備して堆肥等としての利用の促進を図ることを目的とした. ウシ 10 頭以上, ブタ 100 頭以上, ニワトリ 2000 羽以上など一定規模以上の農家を対象として管理基準が定められ, 罰則規定も設けられた.

b. 水質汚濁防止法

水質汚濁防止法による規制に関しては, 総面積 50 m^2 以上の豚房, 200 m^2 以上の牛房, 500 m^2 以上の馬房をもつ経営は特定事業場とされ, 排水量に関係なく健康項目（有害物質）の排水基準の規制対象となる. さらに, 特定事業場において排水量が 50 m^3 以上の大規模経営では, 生活環境項目（16 項目）に係る排水基準が適用される. 畜舎排水に関係の深い項目は表 12.2 に示すように pH, BOD（生物化学的酸素要求量), COD（化学的酸素要求量), SS（浮遊物質), 大腸菌群数, 窒素, リンの 7 項目である.

表 12.2　畜舎排水に関連するおもな生活環境項目の排水

項　目	排水基準	性　質	測定法
pH	5.8～8.6	7が中性，それ以上はアルカリ性，それ以下は酸性	pH メーター，pH 試験紙
BOD	160 mg/L（日間平均 120 mg/L）	微生物学的に分解されやすい成分	20℃，5日間培養
COD	160 mg/L（日間平均 120 mg/L）	化学的に酸化分解される成分	100℃，30分間過マンガン酸カリウム消費量
SS	200 mg/L（日間平均 150 mg/L）	浮遊・懸濁している成分	1 μm 以上の粒子
大腸菌群数	日間平均 3000 個/cm^3	糞便性の細菌数	37℃，20時間培養
窒　素	120 mg/L（日間平均 60 mg/L）	窒素を含む成分	窒素含有量の分析
リ　ン	16 mg/L（日間平均 8 mg/L）	リンを含む成分	リン含有量の分析

12.1.4　環境問題への対策

都市郊外の宅地化の進展により，人とブタの混住化の問題が生じるようになってきた．考えられる対策について以下に述べる．

a.　廃　業

深刻な後継者問題，農村地域の市街化により，現状あるいは将来的に経営を存続させることが難しい場合が多々みられる．養豚経営を廃業し，跡地のショッピングモールへの転換，住宅やマンションなどへの転用が一例である．

b.　移　転

経営者が若い，後継者が確保できる，行政の理解・支援が期待できるなどのケースでは，畜産環境リースや農協などによる資金面の手当を受け，適当な移転先（多くは現在の経営よりも過疎地）を開拓し，経営を存続させることが可能となる．

c.　豚舎の改良

騒音，臭気，害虫発生を一挙に解決する可能性があるのは環境問題の切り札とされるウィンドウレス豚舎である．これは閉鎖式豚舎とも呼ばれ建屋を完全密封するもので，冷暖房や換気などの空調制御，明暗制御，臭気除去，害虫発生の抑制が可能となる．

d.　排泄量の減量化

環境問題の元凶はほかならぬ家畜の排泄物である．簡単ではないものの理論的には可能であり，ある程度の量の低減化と質の改善を行うことはできる．

e. ふん尿の肥料としての積極的な利用

即効性でハンドリングにすぐれた化成肥料が普及するようになったことにより，ふん尿を肥料として使うことは一時極端に減少した．しかし，近年では有機農法が再認識されるようになり，ふん尿も堆肥化され再び貴重な有機肥料として利用されるようになってきた．

f. 処理施設の改良・設置

排水処理施設や堆肥化施設の機器や施設の老朽化，飼養頭羽数の設備能力とのアンバランスなどの理由によって処理が十分でない場合には，設備の改良や増設が必要となる．

g. ふん尿などの有効利用に関する研究の推進とその実施

ふん尿は不要なもの，役に立たないものとするような認識を改め，貴重なバイオマス（biomass）として，科学的に有効利用の研究を進め，応用する姿勢が大切である．

12.1.5 ふん尿処理施設の導入と設計

ふん尿処理システムを考えずには豚舎の新設，増改築は不可能である．処理目標，立地条件，維持管理，経費などのポイントを以下にあげる．

a. 処理目標

施設・装置を導入する場合，処理目標を掲げ，それに合致したものを選定しなければならない．排水の放流基準や堆肥製品の流通を念頭に入れ，さらに，圃場還元の場合不完全な処理では悪臭などの問題が発生するので，対策が必要となる．

b. 立地条件

(1) 処理水の放流先

汚水を浄化処理した場合は，多くの場合公共水域に処理水を放流することとなる．この場合，水質汚濁防止法で定められている排水基準を守らなければならない．場合によっては排水の放流がいっさい不可能な水域もある．

(2) 堆肥の流通経路

ふんや敷料の堆肥化にあたっては，あらかじめ流通方法について検討しなければならない．また，堆肥化についても関係法令（家畜排せつ物法，肥料取締法など）に定められた範囲での実践が必要である．

（3） 用　水

家畜の飲料水，畜舎洗浄，汚水や放流水の希釈水として使われるので，必要量の用途に応じた水の確保は不可欠である．この水源として，水道水，井戸水，沢水，中水道などの利用が考えられる．

（4） 敷　地

汚水処理施設・堆肥化施設および脱臭処理施設などを設置する場合，十分な敷地面積が必要となる．

（5） 地　質

施設を設置するため，また堆肥などを自己の農地に還元する場合に過剰施肥とならないように，地盤や土壌の性質を知る必要がある．また，土壌処理によって汚水の浄化，脱臭を行う場合には利用する土壌の性質が問題となる．つまり，浸透性の良否や生物活性の高低は，処理全体の機能を左右することになる．

（6） 気　象

気温，水温，降水，日照，風などは処理能力に影響を及ぼすことが多い．生物的な浄化処理では水温が 10℃ 以下になると効率が低下するので，積雪・寒冷地帯などでは施設に屋根を掛けたり，地下構造とする例もみられる．

c.　維持管理の難易

維持管理は容易であるが効率が満足できない施設・装置，逆に維持管理は困難であるが満足できる効率の施設・装置など，さまざまなケースがある．維持管理費との関係もあるが，目標とした処理能力（排水基準，蒸発散効率，乾燥効率や堆肥化効率など）を発揮し，施設がトラブルなく稼働しなければならない．

d.　経　費

経費とは建設費（建設工事や用地買収など）と維持管理費（水道，電気，消毒薬剤，潤滑油などの購入にかかるもの）のことである．

養豚経営では，建設費はブタ 1 頭あたり 1 万 5000 円以下，維持管理費はブタ 1 頭あたり月 100 円以下，との試算例があげられている．

ふん尿処理施設は畜産農家にとって目に見えるプラス投資でないので，建設を躊躇する向きがある．しかし，自己資金，公的資金，畜環リースなどを組み合わせて資金運用し，計画を実行すべきである．

12.2 ブタのふん尿処理の基礎

12.2.1 養豚汚水とは

養豚汚水性状や排出量を把握しないと満足する処理ができず，規制値をクリアする処理水が得られなくなる．ふん尿処理の面からみると，ブタのそれはヒトとは大きく異なる．

a. 汚水の種類と処理の考え方

ブタでは，ふん尿分離型で処理され，ふんは堆肥化処理，尿汚水は微生物処理というケースが多く見受けられる．しかし，ふん尿のすべてを水洗処理して，活性汚泥法で処理する場合もある．この場合には固形分と液状分を分離し，固形分は堆肥化処理，液状分を浄化処理している．また，少数例であるが，都市化が進んだ地域では一定の処理を施した液状分を，公共下水に直接放流するケースも見受けられる．

b ふん尿の性状

(1) ふん尿の排泄量

豚ふん尿の排泄量は体重，飼料，飲水量，飼養形態，季節などの条件により多様で，その量の正確な把握は困難である．ふん尿処理施設導入のために従来から頻用されてきた数値があるが，近年では品種改良や飼料の品質向上によりふん尿排泄量も変化し，ブタの飼養の基準を基礎として，推定値，経験値に基づき表 12.3 に示すような値に改訂されている．

表 12.3 堆肥化施設･貯留槽の規模算定に用いる排泄量）（畜産環境整備機構，1998）

区分	体重 (kg)	糞（/日・頭）			尿 (kg/日・頭)	合計 (kg/日・頭)	合計 (t/日・頭)
		排泄量 (kg)	水分 (%)	生重 (kg)			
子豚	3～30	0.15	72	0.5	1.0	1.5	0.55
肥育豚	30～110	0.53	72	1.9	3.8	5.7	20.8
繁殖豚	150～300	0.83	72	3.0	7.0	10.0	3.65

(2) ふん尿の汚濁成分

ブタは汚濁負荷量（表 12.4）の多い家畜で，1 日あたりの排泄量は 5.4 kg/頭なので，ヒトの 4 人分（ヒト：1.3 kg/人）にあたる．また BOD は 130 g/頭な

表 12.4　豚ふん尿の汚濁負荷量（成畜 1 頭あたり）（中央畜産会，1989）

区分	排泄量（kg/日）	BOD		SS		窒　素		リ　ン	
		濃度（mg/L）	負荷量（g/日）	濃度（mg/L）	負荷量（g/日）	濃度（mg/L）	負荷量（g/日）	濃度（mg/L）	負荷量（g/日）
ふん	1.9	60000	114	220000	418	10000	19	7000	13.3
尿	3.5	5000	18	4500	16	6800	18	400	1.4
混合	5.4	24000	130	80000	434	6800	37	2700	14.7

ので，ヒトの 8 人分（ヒト：13 g/人）に相当する．同様に SS は 434 g/頭なので，ヒトの 14 人分（ヒト：52 g/人）となる．これは，1 万頭規模の養豚場では人口 8〜10 万人（花巻市の人口にほぼ匹敵）分の下水処理を行うことと同等といえる．

次に COD に対する BOD の比率が高く，BOD／COD＞1 となる．これは汚濁成分のうち，生物的に酸化分解されやすい区分（BOD）が多いということで，微生物処理に都合のよいものとされる．さらに，窒素濃度が高いので，一般の浄化処理だけでは窒素除去が困難であり，特別の脱窒処理が必要となる．

（3）　ふん尿の夾雑物とその対応

ふん（ふん尿分離型でも若干のふんは尿汚水の一部となる）と尿，飼料などの残渣，わらやおがくずなどの敷料，余剰の水，洗剤や消毒剤などの化学物質，食品残渣や残飯などからの液汁が洗浄水と混ざり合い，汚水の性状を複雑な状態にしている．こうしたふん尿の夾雑物への対応は以下のように行われる．

・餌箱と給餌方法：　餌箱は遊びができないような深いタイプのものとする．粉餌では餌遊びが多いので，ペレットやウエットあるいはリキッドなどのタイプの餌を採用すれば問題は解決する．

・敷料：　敷料の代わりにマットを使用する，新築時に床暖房を敷設するなどの対応で，床は快適となり敷料は不要となる．また，すのこ豚舎などでおがくずなどの敷料を使う場合，すのこ部分とコンクリート部分に仕切りを入れると，おがくずの逸散は少なくなる．

・余剰の水：　給水器の不具合や故障，飲水目的以外の遊び水があるが，この対策として堅牢な吸水器を採用する．またブタの水遊びに対しては，換気や通風対策の再検討，さらに放飼スペースの確保による泥遊びの機会付与も対応の 1 つとして考えられる．

・洗剤や消毒剤などの化学物質：　大規模清掃や消毒では，一時期に大量，高濃度の薬剤が汚水に混入して水処理に悪影響を及ぼすおそれがあるので，この点に注意してブタと環境にやさしい薬剤の使用を心がけなければならない．

・食品残渣や残飯などからの液汁：　食品残渣や残飯のみの飼料でブタを飼養する場合，餌箱がこれらに対応できる状態のものを採用する必要がある．

c.　飼養形態と排泄物の取扱い

豚舎から排出されるふん尿の性状は飼養形態，敷料の有無，搬出方法などにより異なる．その性状は固形状（比較的搬出が容易），スラリー状（固形状のものに比べて搬出が困難），液状（糞尿溝の勾配を利用して水で流したり，ポンプで圧送・搬出するもの）の3つに大別される．図12.1に豚の飼養形態とふん尿性状の関係を示す．

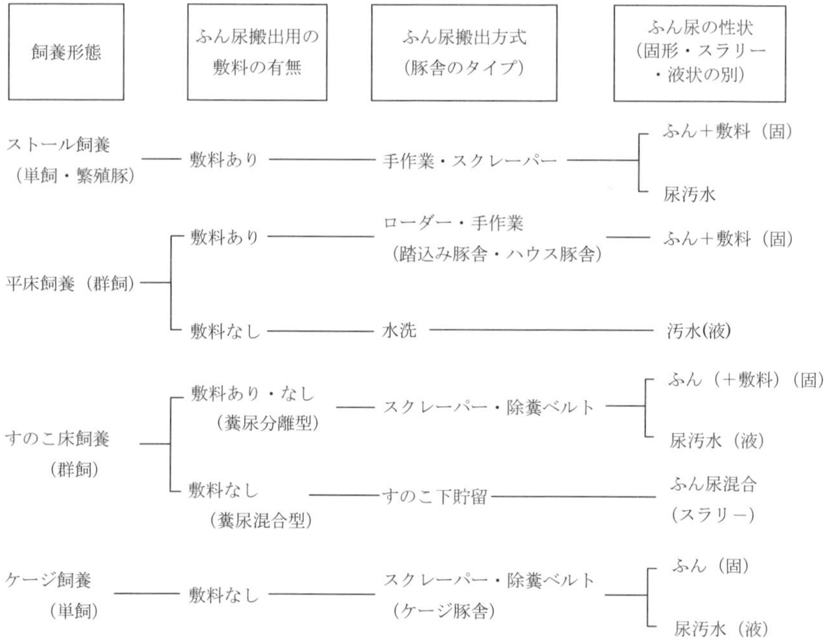

図12.1　ブタの飼養形態とふん尿性状（羽賀，1997）

d.　豚舎排水の特性

豚舎から日々排出される汚水は，既述のように個体あたりの排泄量が多いのが特徴であるが，BODやSSが高く，ヒトと比べて濃度が相当高いことも大きな特徴といえる．そのため，排泄されたふん尿が長時間にわたって豚舎内に放置された状態で，掃除回数が少ないこと，また清掃時に使用する1頭あたりの水量が少ないことが，多くの問題を惹起する．

e.　負荷量の低減

汚水処理を行う場合，施設にかかる負担を負荷量というが，これを低減させる意義は，処理施設をよりコンパクトなものとし，これにかかるコストを安くし，労力を軽減させる点にある．実際に負荷量を低減させる方法には大別して以下の3つの方法があげられる．

(1)　ふん尿の分離

ふんと尿を可能な限り分離して回収することが可能であれば，尿処理は格段に簡単になる．表12.5にふんと尿を別々に回収した場合の汚濁負荷量の違いを示す．

表12.5　ふんの除去率の違いによる汚濁負荷量の変化（中央畜産会，1989）

ふんの除去率		0%	50%	70%	90%
排出量	ふん	1.9	0.95	0.57	0.19
(g/日)	尿	3.5	3.50	3.50	3.50
	合計	5.4	4.45	4.07	3.69
BOD	ふん	114	57	34	11
(g/日)	尿	18	18	18	18
	合計	130	75	52	29
	濃度（mg/L）	24000	17000	13000	8000
SS	ふん	418	209	125	42
(g/日)	尿	16	16	16	16
	合計	434	225	141	58
	濃度（mg/L）	80000	51000	35000	16000

ブタの場合，70%程度のふんの除去（30%のふんは尿汚水に混入）が可能とされているが，このときのSSの負荷量は434gから141gと1/3となり，濃度は1/2以下となる．このことから，ふんと尿の分離回収は重要である．

また，本処理への負荷が軽減されるので，予備沈殿槽を設置すべきである．

(2)　雨水と無駄水の対策

・雨水：　雨水を汚水と分離する必要がある．特に短時間に急激な降雨があると，不完全な処理水を施設外に放流することになる．この対策として，雨水を徹底的に汚水と分離しなければならない．

・無駄水：　吸水器の故障，飼料かすなどにより，吸水弁（流量調整弁）が詰まって水が流れ放しになる不具合がある．また，夏季には涼を求めるためにブタが水遊びをし，流れ放しになることがある．

(3) ふん量の低減化と質の改善

ふん量を減らすための研究は，40年以上も前から取り組まれてきた古くて新しい課題といえる．飼料の質をどのように変え，消化をいかに促進させるかが，これらの問題を解決するキーポイントとされる．

・飼料の質の改良： 古橋ら（1975）は，低繊維で高エネルギーの飼料はブタのふん量を減少させ，ふん中のBODやSSも低減させ，さらには水分も低下させる作用があることを解明した．

・高温・高圧処理： 高温・高圧処理（エキスパンダー処理）を施した飼料をブタに与えると，その排ふん量が約30％も減少することが確認されている（全農飼料中央研究所，1996）．このエキスパンダー処理は現在では一般的となり，多くの飼料メーカーが採用している．

・消化酵素の添加： 押田（1996）はセルラーゼ，プロテアーゼ，デリカーゼなどの消化酵素を混合した飼料をブタに給与した場合，排ふん量を20〜30％程度減らし，水分，BOD，SSなども低減する効果があることを確認し，粒径分布からも消化分解が促進されることを示唆した．飼料メーカーもこれら消化酵素を飼料原料として採用している．

・アミノ酸バランスの工夫： 青森県畜産試験場の杉浦ら（1997）は，低タンパク質飼料をブタに与えるとふん中に排泄される窒素量が低減し，富栄養化対策にも貢献することを報告した．ただしここでは，欠乏しやすいリジンなどを追加添加し，アミノ酸バランスの保持を図ることが大切である．

・フィターゼの添加： 穀類や植物性タンパク飼料に含まれるリンの大部分はフィチン酸塩の形で存在するが，ブタではその利用性がきわめて低いので，魚粉などにより無機リンの形で添加している．そのために，ふん中にリンが大量に排出され，富栄養化の原因となっていた．そこで，飼料中に加水分解酵素であるフィターゼを添加することで，通常では利用性の低いトウモロコシや大豆粕中のリンを有効活用しようという試みが行われている．畜産草地研究所の斎藤ら（1998）は，フィターゼの飼料添加によって，ふん中へのリン排泄量が30％程度減少することを確認した．現在このフィターゼを添加した飼料は広く流通し，富栄養化対策に貢献している．

12.3　ブタのふん尿処理

ブタのふん尿処理で，現在広く行われているのは，ふんについては堆肥化処理，尿汚水については活性汚泥法処理である．以下ではそれらを順に解説する．

12.3.1　堆肥化処理

a.　堆肥化の目的と意義

堆肥化には3つの目的と意義がある．①汚物感なく使いやすい有機質肥料を作る．良質な堆肥は家畜ふんの汚物感や悪臭がなく，病原菌なども死滅し，ユーザーにとって取り扱いやすく，安全で安定な形の製品となる．②土壌や作物に良い効果を及ぼす有機質肥料を生産する．適切な堆肥化によって，生ふん中の有機物を十分に腐熟させ，有害物質や雑草の種子などを分解・死滅させ，肥料成分を適度に含む，悪臭の少ない良質堆肥を生産することができる．③堆肥の流通利用による有機資源リサイクルに貢献する．畜産農家の堆肥を耕種農家に流通利用してもらうことで，有機資源リサイクルに基づく環境保全型農業が実現する．

b.　堆肥化の原理と条件

堆肥化とは適正に制御された条件下で，微生物に家畜ふんの中の有機物を好気的に分解・変化させて，悪臭の少ない良質な有機質肥料を生産することである．堆肥化の主役は好気的にはたらく多くの微生物である．微生物は易分解性有機物を盛んに分解し，堆肥を生産する．そのため，堆肥化の主役となる好気性微生物の活動が活発になるように，環境条件を制御する必要がある．その条件には栄養分，空気（酸素），水分，微生物，温度，時間，の6つがあげられる

c.　堆肥化施設

豚ふんの堆肥化処理の方式にはいくつかあるが，基本的には，①堆肥舎に高く堆積するもの，②上屋を付けた屋内のガイドレール上に攪拌機を走行させるもの，③密閉の円筒内で機械攪拌・通気を行うもの，の3タイプがある．

（1）　堆積発酵施設

堆積発酵施設は豚ふんを堆肥化しやすくするために副資材を混合し通気性を

確保（水分や物性を調整）して堆肥舎に堆積し，作業者がショベルローダー等を用いて切り返し操作を行い堆肥化する方式である．堆肥化を促進させるために発酵槽床面から通気している場合，通気量は材料 1 m^3 あたり 0.05～0.3 m^3/分程度とし，2 kPa 程度の静圧をもつ送風機を用いる．その際通気床の送風管がショベルローダーのタイヤによって目詰りしないよう清掃管理を怠らないようにすることがポイントとなる．

(2)　開放型堆肥化施設

開放型堆肥化施設はプラスチックハウスなどの建屋内に発酵槽を設けて，材料を攪拌機で強制的に切り返す方式である（図 12.2）．

図 **12.2**　開放型堆肥化施設の例（JA ながの信濃町堆肥センター）

一般に開放型は後述の密閉型とともに急速堆肥化処理装置とも呼ばれているが，この処理だけで材料の腐熟が完了するわけではない．開放型発酵槽での処理期間は 15～25 日間程度は必要であり，易分解性の家畜ふんを主体とした原料でもその後，堆肥舎で同程度の腐熟期間をかけて二次発酵させている．また，おがくずなどの難分解性のものが多い材料では，開放型発酵槽で処理（20～25 日間）した後でも未熟な状態となっている部分があり，堆肥舎などで二次発酵（後熟：40～65 日間）させて腐熟させる必要がある．

本方式の施設でも堆肥化を促進させるために発酵槽床面から強制通気を行って発酵を促進させている．通気量などは前述した堆肥舎の場合とおおむね同じ方法で行う．

(3)　密閉型発酵施設

密閉型発酵施設は断熱された容器（発酵槽）内で堆肥原料を攪拌・通気して

堆肥化する方式であり，発酵槽のタイプには縦型と横型がある（図 12.3）．開放型に比べて施設面積規模は小さくコンパクトではあるが，堆肥材料の滞留日数は開放型に比べて短く，設計上では 3〜10 日間程度としており，腐熟し安定な堆肥とするには後熟のための二次処理（堆肥舎）が必要である．

図 12.3　密閉縦型堆肥化装置の例（神奈川県畜産技術所）

12.3.2　活性汚泥法処理

家畜ふんは用途が狭い．さらに，ブタでは尿量が多く，問題となる．これらは BOD，窒素，リンが高濃度なため，耕地還元すれば過剰施肥に，公共用水域に放流すれば富栄養化につながる．そのため，豚舎排水は十分に処理し，環境保全に努めなければならない．図 12.4 に家畜尿汚水のおもな浄化方法を示す．

活性汚泥法は最も一般的で効率の高い浄化処理方法であり，畜産の排水処理でもこの方法が採用されている．活性汚泥法は，汚水を浄化処理する「活性」をもった「汚泥（微生物のかたまり）」によって汚水中の有機物を分解して浄化する方法である．この方法には回分式活性汚泥法，連続式活性汚泥法，曝気（ばっき）式ラグーン法などがある．

(1)　回分式活性汚泥法

図 12.5 は，神奈川県畜産試験場（現 神奈川県農業技術センター畜産技術所）で開発されたオキシデーションディッチタイプの回分式活性汚泥処理施設である．浄化処理のメインとなるのは曝気槽の役割を果たす酸化溝（oxidation ditch）であり，前処理された尿汚水が希釈水とともに酸化溝に BOD として約 1000 mg/L の濃度で投入され，表面曝気装置のエアレーターやスクリュー型曝気装置で約 21 時間曝気処理後に，汚泥の沈澱行程を経て上澄み液を放流する．

- 家畜尿汚水の処理法
  - 好気性生物処理
    - 活性汚泥法：連続式・回分式・酸化溝・曝気式ラグーン・膜分離法
    - 生物膜法：散水ろ床法・回転円板法・接触酸化法
    - 酸化池法（安定化池・ラグーン）
    - 窒素・リン同時除去法：嫌気好気活性汚泥法・間欠曝気法
  - 嫌気性生物処理
    - メタン発酵法
    - 嫌気性ラグーン
  - 物理学的処理法
    - 固液分離：スクリーン・圧力脱水・沈降分離・振動篩
    - 吸着：脱色法（活性炭・土壌）
    - 蒸発・濃縮：ディスク法・ハウス乾燥・オガクズ利用
  - 化学的処理法
    - 凝集沈殿（凝集剤）
    - リン除去・回収：HAP 法・MAP 法
    - 消毒：塩素剤・オゾン
  - その他の処理法
    - 土壌処理法

図 12.4　家畜尿汚水のおもな浄化法（中央畜産会，1989）

図 12.5　回分式活性汚泥法の例（神奈川県畜産技術所）

(2)　曝気式ラグーン法

曝気式ラグーン法は，曝気槽を大型の池（ラグーン）のようにし，水中あるいは汚水の表面攪拌による曝気装置で曝気する方法である．曝気槽が大きく，低い負荷量でかつ長い滞留時間で処理する活性汚泥法である．沈澱槽や返送汚泥装置がなく，構造が簡単で維持管理も容易であり，負荷の変動に強く，付帯設備が少ないことから建設費や維持管理費が少ないが，広い敷地面積を必要とする.

12.4 養豚関係の悪臭とその対策

畜産にかかわる苦情のなかで最も多いのは悪臭である. 悪臭は空気中に拡散し, 近隣住民の嗅覚を刺激し, いわゆる「臭い」という反応を伴うので, 最も苦情件数として反映されやすい. アンモニアや亜酸化窒素ガスは地球温暖化や酸性雨にも関係することから, 悪臭の抑制のみならず, 地球環境への影響も考慮した対応が迫られている.

12.4.1 悪臭の種類と発生源

a. 新鮮ふん尿の悪臭

悪臭の種類はふんと尿のおかれた条件により異なる. 豚ふんでは酢酸, プロピオン酸, *n*–酪酸, *p*–クレゾール, アルコール類, アルデヒド類, インドール, スカトール, 微量のアンモニアなどである. ウシやブタの新鮮尿については問題となる臭気成分は微量であり, 尿素, トリメチルアミンの前駆体物質を高濃度に含み, 他にホルモンやビタミンの代謝などに由来する物質が弱いにおいを発生する程度である.

「悪臭防止法」に定める 22 種類の規制物質のなかで, アンモニア, メチルメルカプタン, 硫化水素, 硫化メチル, 二硫化メチル, トリメチルアミン, アセトアルデヒド, プロピオン酸, *n*–酪酸, *n*–吉草酸, *iso*–吉草酸の 11 物質が, 直接的に畜産に関係した物質である.

b. 好気および嫌気条件下でのふん尿臭気

新鮮ふん尿に通気して好気条件にすると 2～3 日で悪臭は急減し, 7 日目では悪臭成分はほとんど検出されない. 一方, 嫌気条件下では低級アルコールの急増, インドール, ケトン類, *p*–クレゾール, エステル類も増加し, 7 日以降には硫化水素, アンモニアをはじめ前述の成分がさらに増加する. このことは, 酸化反応を主とする好気性細菌群と還元反応を主とする嫌気性細菌群の生成物が相違するところに原因する. 一方, 各種有機物質より生成する低沸点低級脂肪酸は悪臭のもとであるが, 好気性条件下ではすみやかに二酸化炭素と水にまで酸化される.

以上のように，十分な酸素を与えることで悪臭の発生は抑制される．また，乾燥状態を保つことで水分活性を低下させれば，微生物活性も抑制可能となる．

c. その他の発生源

臭気の発生源はふん尿であり，微生物反応が大きく関与することはすでに述べた．発生源としての場は豚舎，尿槽，貯留槽などや処理・利用施設である堆肥化，乾燥処理，固液分離装置，尿蒸散処理，スラリータンクなどの装置・施設などである．また，土壌還元する場合は，未熟堆肥や嫌気スラリーの施用がアンモニア，低級脂肪酸，硫黄化合物など多様な臭気を発生する．

12.4.2 悪臭の対策

畜舎からのふん尿をできるだけ混合させずにすみやかに排出し，適切な処理を行うとともに，発生した臭気を脱臭法によって低減化する．ここでは，発生源対策と脱臭技術について述べる．

a. 臭気発生源での管理

発生源は豚舎，糞尿処理利用施設および農耕地（還元時）などであり，それら場所での管理を確実に実施することは重要である．

b. 豚舎内での管理

豚舎構造はブタの居住性を優先するとともに人の作業性をも具備する必要がある．しかし，ウィンドウレス構造を除き臭気への配慮はなされていないのが現状である．豚舎からの臭気はふん尿由来なので，豚舎内のふん尿の散乱を防ぐための構造を備え，清掃管理が容易であることが望ましい．

豚舎構造は完全開放式，ウィンドウレス，多階層式，簡易式，放飼式などがあるが，いずれも臭気発生を伴う．ブタの排糞習性を把握し，適切な床面構造とふん尿除去装置を具備する必要がある．

c. 種々の脱臭法

脱臭法の選択には悪臭ガスの濃度，温度，成分，設置スペース，周辺環境，排出高さ，前処理や後処理の要否，経済性などを吟味し，さらにイニシャルコスト，ランニングコストとメンテナンスの難易度を十分に把握することが重要である．表 12.6 におもな脱臭法の効果とコストを比較したものを示す．

〔押田敏雄〕

表 **12.6**　畜産分野で用いられる脱臭法の比較（柿市，2012）

処理方式		運転コスト	設置面積	管理性	脱臭効率	備　考
マスキング法		安価	小	容易	低	薬液高価
中和・相殺法		安価	小	容易	低	薬液高価
水・薬液洗浄方式	噴霧法	中	小	容易	低	
	洗浄塔	中	やや小	容易	中	廃液処理
	担体充填式	安価	やや小	容易	中	廃液処理
生物脱臭方式	担体充填式	安価	中	やや難	高	水分補給
	活性汚泥	安価	中	やや難	高	汚水処理
	土壌脱臭	安価	大	中	高	広大な面積
燃焼方式	直接燃焼法	高価	小	難	高	管理項目多
	触媒燃焼法	高価	小	難	高	管理項目多
酸化分解方式	オゾン法	高価	小	中	高	廃オゾン処理
	金属光触媒	高価	小	中	高	
吸着方式	活性炭	高価	小	比較的容易	高	再生処理
	イオン交換樹脂	高価	小	比較的容易	高	再生処理

参 考 文 献

畜産環境整備機構編（1998）：家畜ふん尿処理・利用の手引き，畜産環境整備機構.

中央畜産会編（1989）：家畜尿汚水の処理利用技術と事例，p.50-98，中央畜産会.

古橋圭介ほか（1975）：飼料による豚ふんの少量・固型化に関する研究．日豚研誌，**12**：73-84.

押田敏雄・柿市徳英・羽賀清典編（2012a）：畜産環境保全論，p.39-49，養賢堂.

押田敏雄・柿市徳英・羽賀清典編（2012b）：畜産環境保全論，p.123-145，養賢堂.

押田敏雄（1996）：ふんの量を減らし，質を改善する方法．養豚の友，330：51-60.

齋藤　守（1998）：豚におけるフィターゼの利用によるリン排泄量の低減とフィターゼの効果的利用法．栄養生理研報，**42**：141-154.

杉浦千佳子ほか（1997）：低蛋白質飼料給与が肥育豚の発育および糞尿中窒素排泄量料と母豚の繁殖性に及ぼす影響．日豚会誌，**34**：207.

13. ブタをめぐる最近のトピックス

13.1 ヒトのモデル動物，臓器移植対象としてのブタ

13.1.1 ヒトのモデル動物としてのブタ

ブタは，身近な家畜のなかでも，その臓器がサイズ的にも解剖学的にも，そして生理学にヒトに類似している点が多く，種々の臓器について，ヒトのモデル動物としての利用が試みられてきた．そのなかには現在においても高度な有用性を示すものが指摘されている．

たとえば循環器系においては，ブタ心臓における冠動脈の分布様式がヒトのものと高い類似性を示すことから，古くから心筋梗塞，狭心症，心不全などのヒト心疾患に対しての医薬品や医療機器の有効性や安全性の評価のために，臨床試験開始に先立ち利用されてきた．近年においても，狭窄した冠動脈を内側から押し広げるための冠動脈ステント類の開発などにおいて使用されている．また，心臓血管外科学領域における冠動脈バイパス手術技術の開発や習得時に使用する代替臓器としても高評価を得ている．同様に呼吸器系についても，ブタ肺を用いて，各種気管支鏡の開発や肺腫瘍，狭窄，出血等の症例シナリオに対する手技の習得が行われている．さらに，ブタの皮膚は，発汗時を除けばヒトとの類似性が高く，他の動物種に比較して被毛が疎であり，かつ白色種の場合は，炎症等の皮膚に生じる反応を明瞭に目視することが可能である．こうしたことから，経皮薬や化粧品に使用される化学物質の影響評価にも頻用されてきた．

中枢神経系に関しては，脳疾患モデルとしての利用を目指した報告が増えつつある．例としては，ヒトのアルツハイマー病の特徴とされる脳における β–アミロイドタンパクの凝集や神経細胞におけるタウタンパクの蓄積が，ブタ脳損

傷時に呈する反応として認められることを利用し，その解消方法を探索するための有効なモデルとしての提示（Smith *et al*., 1999）や，ヒトの統合失調症患者の呈する生理的反応の１つとされる聴覚性プレパルス驚愕反応抑制反応の低化が，ブタへのアンフェタミン投与によっても誘発できることを利用し，新しい統合失調症治療薬の探索に役立てようとする試み（Lind *et al*., 2004），またハンチントン病の原因遺伝子を導入したトランスジェニック豚を作出し，その脳に生じる神経細胞死を解析することによって，対応策を提示しようとするもの（Yang *et al*., 2010）などがあげられる．

近年の話題としては，まず明治大学の発生工学研究室などによる糖尿病モデルクローン豚があげられる（Umeyama *et al*., 2009）．このブタは，若年発症成人型糖尿病（MODY）の原因遺伝子である変異型ヒト hepatocyte nuclear factor–1 遺伝子を導入したトランスジェニッククローン豚であり，クローン動物の作出技術を組み合わせることによって，遺伝的背景を均一にそろえた状態で大量に作出することを可能としている．したがって，新薬探索や治療法開発への利用がより効果的になることが期待されている．

さらに，クローン動物の作出技術を取り入れることで免疫不全モデル豚の作出に成功したことが，農業生物資源研究所などにより報告された（Suzuki *et al*., 2012）．この免疫不全モデル豚では，免疫機能において中心的な役割を演じる *IL2rg* 遺伝子が欠損しているため，免疫担当器官である胸腺や免疫機能に関与するリンパ球の一部を欠損しており，抗体産生能をもたない．すなわち，重度な複合型免疫不全モデルとしての妥当性を示すものであった．

13.1.2 臓器移植対象としてのブタ

ブタは異種臓器移植ドナーとしての候補動物としても古くから着目されてきた．ほかにも候補となりうる動物はいるが，ヒヒなどの霊長類は稀少動物として保護の対象であるものが多く，病原微生物のコントロールも難しい．また仮に，こうした問題をクリアしたとしても，遺伝学的にヒトに近い動物であるという一般的な市民感情から受け入れられがたいことが予想される．ほかにもイヌは伴侶動物としてのイメージが強いため，同様に一般的な市民感情から受け入れられがたい．しかしながら，ブタは食用家畜としての長い歴史をもっていることから比較的に心理的抵抗が少ないと考えられる．さらに周年発情で多産であり，飼育に関するノウハウが確立していることから，仮に臓器移植が可能になった場合にその安定供給が可能であること，食用家畜のなかでも特に微生物対策が進んでいることも，異種臓器移植ドナーの候補動物として有利な点である．こうしたことから，異種臓器移植ドナーの候補動物としてブタを用いる具体的なアイデアが議論されてきた．

ところが異種臓器移植では，移植直後から超急性拒絶反応が生じる．すなわち，この拒絶反応の克服が第一の課題であり，そのための拒絶反応メカニズムの解明研究が進展した．それらによれば，ブタの体組織に存在して，糖鎖抗原に対するヒトの自然抗体が反応し，血液中の補体群とともに免疫反応を起こすことによって，結果的に超急性拒絶反応が引き起こされることが明らかになった．その対応策として理論的に考えられる手段として，①ヒト側の自然抗体を抑制すること，②補体による免疫反応を抑制すること，③ヒトの自然抗体に反応する糖鎖抗原をブタから取り除くこと，がある．

まず，①については，ヒトの遺伝子改変を行うことは起こりえないため，ヒト側の自然抗体の標的となるブタの糖鎖抗原の同定（α-ガラクトース抗原）をもとにした吸着カラムを利用した自然抗体の除去，自然抗体の標的部位である糖鎖の大量投与による自然抗体の中和が考えられる．しかし，いずれも継続的に処置することが必要であり，現実的には難しいと考えられる．

次に②については，補体制御タンパクのはたらきに焦点を合わせた試みが知られている．すなわち，ヒト補体抑制因子である DAF（decay accelerating factor）をもったブタの臓器を得る目的で，DAF 遺伝子導入のトランスジェニック豚が作出された．なお，ヒト同様に α-ガラクトース抗原に対する自然抗体を有するカニクイザルやヒヒへの移植を試みた結果から，野生型ブタ臓器移植に比較して飛躍的に臓器の生着期間が延長することが明らかになり，超急性拒絶反応を回避することによる異種臓器移植の成立は現実味を帯びたものとして認識されるようになった（高木，1985）．

レシピエントであるヒトの負担を軽減するという点において最も現実的な方法と考えられる③については，ヒトの免疫機構の標的になる抗原をもたない，もしくは抗原を産出できないブタの作出があげられる．たとえば，前述の α-ガラクトース抗原を欠損させるために糖鎖転換酵素遺伝子を破壊したノックアウトブタの作出が試みられている．ジーンターゲッティング技術と体細胞核移植技術を組み合わせることによって，目的の遺伝子を欠損したブタを作出できると考えられる．また近年，ジンクフィンガーヌクレアーゼを利用した遺伝子発現抑制系によって，ブタにおいて目的遺伝子の発現抑制に成功したことが報告されている（Hauschild *et al*., 2011）．以上のことから，ブタの内在性レトロウイルスの安全性の担保などまだ解決を要する問題は残っているものの，ヒトへの臓器移植対象としてのブタの作出は，より実用化に近づいたと考えられる．

〔種村健太郎〕

参考文献

Hauschild, J. *et al*. (2011)：Efficient generation of a biallelic knockout in pigs using zinc-finger nucleases. *Proc. Natl. Acad. Sci. USA*, **108**：12013-12017.

Le Tissier, A., *et al*. (1997)：Two sets of human-tropic pig retrovirus. *Nature*, **389**：681-682.

Lind, N.M. *et al*. (2004)：Prepulse inhibition of the acoustic startle reflex in pigs and its disruption by d-amphetamine. *Behav. Brain. Res*., **155**：217-222.

佐藤英明（1998）：異種臓器移植ドナーとしての遺伝子ノックアウトブタの開発．遺伝子医学，**2**：210-216.

Smith, D.H. *et al*. (1999)：Accumulation of amyloid beta and tau and the formation of neurofilament inclusions following diffuse brain injury in the pig. *J. Neuropathol. Exp. Neurol*., **58**：982-992.

Suzuki, S. *et al*. (2012)：*Il2rg* Gene-Targeted Severe Combined Immunodeficiency Pigs. *Cell Stem Cell*, **10**：753-758.

高木　弘（1985）：異種移植臨床ドナーとしてのブタ．医学のあゆみ，**22**：152-153.

田中智夫（2001）：ブタの生物学，pp.152-156，東京大学出版会．

Umeyama, K. *et al*. (2009)：Dominant-negative mutant hepatocyte nuclear factor 1alpha induces diabetes in transgenic-cloned pigs. *Transgenic Res*., **18**：697-706.

Yang, D. *et al*. (2010)：Expression of Huntington's disease protein results in apoptotic neurons in the brains of cloned transgenic pigs. *Hum. Mol. Genet*., **19**：3983-3994.

13.2　アニマルウェルフェア

13.2.1　アニマルウェルフェアとは何か

動物愛護とアニマルウェルフェア（以下 AW とする）は，どちらも動物に対する配慮の倫理である．前者は日本の倫理であり，後者は欧米の倫理である．『広辞苑』によると「愛護」とは，「かわいがり保護すること」とある．AW とは，語源的には動物（アニマル）が望みに沿って（ウェル）生活する（フェア）ことである．すなわち，愛護では動物への情が重視され，AWではその結果としての動物の状態が尊重される．国際的に共通認識となっているAWの基本原則は「5つの自由」といわれ，それらは，①空腹・渇きからの自由（健康と活力を維持させるため，新鮮な水および餌の提供），②不快からの自由（庇陰場所や快適な休息場所などの提供も含む適切な飼育環境の提供），③痛み，損傷，病気からの自由（予防および的確な診断と迅速な処置），④正常行動発現への自由（十分な空間，適切な刺激，そして仲間との同居），⑤恐怖・苦悩からの自由（心理的苦悩を避ける状況および取扱いの確保），である．

AWは，動物を健康に管理するための必要条件との認識から，EUでは農業共通政策（CAP）として推進しようとしている．法的には，①飼育面積，②すのこ間隔，③繋留禁止，④妊娠4週以降，分娩予定1週前までの群飼義務，⑤わら，おがくず等の探査やもてあそべるものの提供，⑥群飼でも個別に十分摂食できるシステム，⑦妊娠豚への粗飼料等かさのある餌の給与，⑧攻撃的な個体，いじめられる個体，病畜の単飼が規定され，2013年1月1日からすべての農家に義務化された．特に④は，大幅な施設改善が必要であることから，養豚農家には早急な対応が迫られている．またわが国を含む世界の178ヶ国が参加するOIE（国際獣疫事務局，別称：世界動物保健機構）では，2005年以降，陸生動物健康規約にAWの章を追加し，その世界的推進を図ろうとしている．数年以内に，「AWと養豚システム」が追加される予定である．

本節では，寄生虫対策を含む衛生管理等を徹底すれば「5つの自由」を一気に保障できる可能性のある放牧飼育システムと，EUで次に法的規制を実施しようとしている外科的去勢に伴う苦痛の排除の代替法としての免疫去勢法をトピックスとして紹介する．

13.2.2　放 牧 養 豚

本飼育システムは，施設費が安いことと，輪作における区切り作目として有効であることから，繁殖豚用として欧米で急速に増加してきている．イギリスでは妊娠豚の42%が屋外飼育であるが，屋内・屋外分娩を問わず，96%の子豚は8週齢程度で舎飼育成・肥育される．アメリカでは妊娠豚の5%が屋外飼育であり，加えて15%は屋外運動場付き舎飼飼育である．妊娠豚の1%は屋外分娩であり，3%は屋外運動場付き舎飼での分娩である．子豚の1%が屋外育成・肥育，9%が屋外運動場付き舎飼育成・肥育である（Honeyman, 2005）．すなわち，放牧肥育は欧米でも一般的ではない．

放牧肥育の方法は一様ではなく，季節，植生，放牧地面積，排水性，庇陰場所等の条件が異なるため，生産形質に関して一定の評価は得られていない．しかし，放牧では飼料効率は低いが増体が良く，消化管が発達するため歩留まりが低く，赤身肉割合が多いとする報告は多い．また，胸最長筋のa*値（赤色度）が増加し，L*値（明度）は低下するともいわれている．

東北大学・宮城大学・宮城県畜産試験場・あいコープみやぎは，屋外運動場付き豚房肥育（舎飼区：39 m^2）と，木陰やぬた場を有しブタ放牧処女地で被植率が88.2%の草地放牧肥育（放牧区800 m^2）とを比較する実験を行った．両区ともに100日齢のランドレース去勢雄を8頭ずつ2群飼養し，放牧区には1頭あたり1 m^2/頭からなる豚舎を設置，両群とも配合飼料を不断給餌した．放牧区ではAWを保証する5つのすべての側面が充足できる飼育環境であった（図13.1）．放牧終了後，被植率は7%にまで減少し，土壌動物は個体数が当初の22%に，生重量は当初の17%にまで減少した．

図13.1　荒廃草地を利用した放牧肥育養豚
地際の電牧テープのみで行動を制御できる．

放牧区では，休息が大幅に減り，草地での摂食行動（咀嚼）や穴掘り行動を含む探査行動がそれぞれ倍程度に増えた．出荷体重に差はなかったが，放牧区では舎飼区に比べて，飼料摂取量が10%程度多く，しかし平均1日増体重は少し多い傾向だった．放牧区では，尻尾に傷をもつ頭数，跛行頭数，体の損傷数，および内臓廃棄率は有意に少なかった．枝肉格付けは良く，平均背脂肪厚は薄くなった．胸最長筋のドリップロス（保水性）とクッキングロス（加熱損失率）には差はなかった．物理的特性（柔らかさ tenderness, 噛みごたえ toughness）は，放牧豚肉で有意に高く，硬さが増した．ロース芯全脂質含量には差はなかったが，脂肪酸組成では，放牧豚肉で不飽和脂肪酸が多くなった．嗜好型官能検査の結果，放牧豚肉では，部位にかかわらず，肉色が濃く，豚臭さが少なく，香りが良いという評価となった．条件を整えれば，最高級豚肉を生産できるシステムを構築できる可能性が放牧養豚にはある．

13.2.3 免疫去勢法

先述したように，外科的去勢法は，痛みやストレスはもとより，その後の感染や死亡のリスク増大という AW 観点から，将来禁止される方向にある．その代替法として，麻酔薬と鎮痛薬の使用，雄臭（おもに androstenone（フェロモン）と skatole（糞臭）による）の低い品種の育種による雄豚肥育，分離精液による雌豚肥育，および免疫去勢法が検討されてきている．そのなかで，大手製薬会社から性腺刺激ホルモン放出ホルモン（GnRH）ワクチンが販売され，しかもワクチン代が生産性の向上により相殺できるということから，近年（最初の商業的利用はオーストラリアとニュージーランドの 1998 年），免疫去勢法に注目が集まっている．

精巣でのテストステロン生産と精子形成は，それぞれ下垂体からの黄体形成ホルモン（LH）と卵胞刺激ホルモン（FSH）により促進される．さらに，LH と FSH の分泌制御には，視床下部から分泌される GnRH がかかわっている．そこで，GnRH に対する抗体を産生させ，視床下部–下垂体門脈系にある GnRH が下垂体に届く前に不活化させる去勢法が提案された．GnRH 自体は抗原にならないので，GnRH に免疫原性担体を結合させたワクチンであり，市販品ではジフテリアトキソイドが結合されている．

投与法は，精巣自体の崩壊を目的とする早期投与法と，精巣の機能を一時的に抑制し攻撃行動と雄臭の制御のみを目的とする通常投与法がある．前者では 10 および 14 週齢に，後者では 14 および 18 週齢にワクチンを頸への皮下注射にて投与する．2 回目の接種後，GnRH 抗体産生は急速に増加し，去勢効果が

表 13.1 外科的去勢法とその代替法におけるアニマルウェルフェア上の利点と弱点

AW 側面	外科的去勢	麻酔薬使用の外科的去勢		免疫去勢	雄肥育
		全身麻酔	局所麻酔		
去勢中の取扱いストレス	−	−	−	−?	+
去勢時の苦痛性	−	+	+	+	+
去勢後の苦痛性	−	−?	−?	+	+
肥育時の不適切行動	+	+	+	+/−	−
去勢に伴う健康リスク	?	−	?	?	+

−：AW 低下，+：AW 向上，?：不明か混合．

現れる．雄臭は 4〜6 週間で消失することから，2 回目の投与は屠畜前 4〜6 週に実施されなければならない．

早期投与法では，増体，飼料効率，屠体脂肪量は外科的去勢法と差はなくなるが，通常投与法では，雄豚は 2 回目のワクチン投与時までは正常の雄豚と同じであるため，外科的去勢豚よりも増体と飼料効率は改善され，赤身肉生産は増加する．それによって，ワクチン代は相殺されると試算されている．

2 回目のワクチン接種後，攻撃・乗駕行動および摂食行動は外科的去勢豚と同じだが，雄豚に比べて前者は有意に減少し，後者は有意に増加する．1 回目のワクチン接種後に活動的になることから，炎症による苦痛も示唆されている．しかし，屠体に炎症はみられず，一過性のものともいわれている．von Borell ら（2009）は，免疫去勢法の苦痛性について，外科的去勢法と比較し，表 13.1 のようにまとめている．また，GnRH 受容体は，心臓や中枢にも存在し，GnRH は神経伝達物質としても機能していることから，免疫去勢法のそれらへの悪影響も示唆されている．このように，免疫去勢法の AW 評価はまだ不十分である．さらに，ヒトにも効果のある GnRH ワクチンの投与時の自己接種問題や消費者の許容性も，クリアされなければならない課題として残っている．〔佐藤衆介〕

参考文献

Honeyman, M.S.（2005）：Extensive bedded indoor and outdoor pig production systems in USA: current trends and effects on animal care and product quality. *Livest. Prod. Sci.*, **94**：15-24.

von Borell, E. *et al.*（2009）：Animal welfare implications of surgical castration and its alternatives in pigs. *Animal*, **3**：1488-1496.

索　引

欧　文

1塩基多型　135

5つの自由　190

BLUP法　128
BOD　170, 175

COD　170, 175
CP　36

DDGS　43
DE　33
DNA診断　115
DPD豚肉　95

ETEC　139

FMD　151
FSH　63

GE　33
GnRH　192

HI　33

LH　62
LHサージ　63

MAS　134, 135
MD豚　162
ME　33
MPS　132, 145
mtDNA　3

NE　33

PCVAD　148
PDNS　148
$PGF_{2\alpha}$　62, 70
PMWS　148
PRDC　146, 148
PRRS　146, 147
PSE豚肉　95
PSS　115

QTL　100, 134
QTL解析　113

SEWシステム　21, 76
SNP　135
SPF豚　21, 162
SS　170, 175
Sus scrofa　1
*Sus scrofa*の亜種　2

TDN　34
TGE　150

VER　60
VTEC　140

β-カロテン　46

ア　行

相対取引　90
亜鉛　44
悪臭　169, 183
　——の対策　184
悪臭防止法　183
アクチビン　66
アクチン　84
アスコルビン酸　48
アニマルウェルフェア　189
アミノ酸　34, 86
アミノ酸プール　35
アミノ酸要求量　40
アメリカのブタ生産　12
アンモニア　87

胃　81
イオウ　45
育種価　122
　——の予測　123
育種会社　7, 134
育種改良　116
育種価推定　116
育種計画　132
胃憩室　81
移行抗体　21, 74
異種臓器移植　187
維持要求量　37
異常肉　94
イスラム教　28
一貫生産農場　16
一般環境効果　118
遺伝　99
遺伝子　99
　——の平均効果　121
遺伝子型　100
遺伝子座　100
遺伝子マッピング　113
遺伝性疾患　110, 111
遺伝的マーカー　134
遺伝病　110, 115
遺伝率　116, 118, 132
イノシシ　1
イノシシ科　1
　——の分類　2
陰茎　83
飲水器　42
飲水量　42
インヒビン　65
インフルエンザ　148

ウイルス性疾病　146
ウイーン・トゥ・フィニッシュ農場　16
ウィンドウレス豚舎　164, 171
ウェルシュ　6

衛生対策　159
衛生プログラム　165
　——の例　167
エコフィード　54
エコフィード設計プログラム

57
エコフィード認証制度　54
エストロジェン　62, 70
枝肉　89
枝肉卸売価格　18
枝肉格付　91
エネルギー　32
エネルギー含量　38
エネルギー要求量　37
エピスタシス　102
エルゴカルシフェロール　46
塩素　44
エンテロトキシン産生大腸菌　139

黄体期　61
黄体形成ホルモン　62
横紋筋　84
オーエスキー病　146, 149
大割肉片　90
オキシトシン　66, 70, 72, 73
屋外飼育　17
桶の理論　36
汚水　174
汚濁負荷量　174
オールイン・オールアウト　19, 23, 147, 163
温度管理　164

カ　行

回虫　157
害虫発生　169
外部生殖器　83
回分式活性汚泥法　181
外貌　80
格付検査　91
可消化エネルギー　33
可消化養分総量　34
下垂体　62, 63
家畜化　3
家畜排せつ物法　168, 170
活性汚泥法　181
仮乳頭　72
カリウム　44
カルシウム　43
カロリー　34
皮はぎ　89
換気　163
環境汚染　168
環境問題　168
完全配合飼料（完配）　51
肝臓　82
鑑定殺　163

キスペプチン　67
寄生虫駆虫薬　156
寄生虫性疾病　152
寄生虫病体策　159
黄豚　95
きめ　93
狭義の遺伝率　118
強健性　116
きょうだい　117, 124
共通環境効果　118
共優性　101
去勢　192
筋原繊維　84
筋節　85
筋繊維　84
筋束　84
筋肉　81
筋肉組織　84
筋肉内脂肪　86, 131

空回腸　82
空間消毒　161
クリプトスポリジウム　153
グループ生産　19
グレード　3
黒豚　17
クロム　45

経口投与　165
形質　99
系統造成　9
毛色　103
——に関連する遺伝子　104
ケーシング　97, 98
血液型　106
血液タンパク質型　109
結合組織　84, 85
血清抗原型　108
結腸　83
ゲノムインプリンティング　103
ゲノム選抜　135
原虫性疾病　152

抗菌剤　165
交雑豚生産　17
後代検定　9, 125
口蹄疫　151
交配適期　67
候補遺伝子解析　113
膠様物　84
コガタアカイエカ　149
コクシジウム　153
個体アニマルモデル　129
骨格　80
骨格筋　84
コバラミン　45, 48
コバルト　45
子豚生産繁殖農場　16
コラーゲン　86
コリン　48
コレカルシフェロール　46

サ　行

サイアーモデル　129
細菌性疾病　138
最良線形不偏予測法　129
サイレージ化　56
サーコウイルス感染病　147
雑種強勢　7
雑食性　81
サルコメア　85
サルモネラ症　138, 141
三元交雑　5, 17, 133
産次別飼育　22, 23
産肉形質　116, 131
残飯養豚　55

ジェネテイックラグ　133
自家配合飼料　52
子宮　83
子宮頸管　83
子宮修復　75
敷料　175
脂質　87
——の代謝　87
自然交配　67
実験動物　28
質的形質　99
疾病コントロール　165
疾病モニタリング　163
市販飼料　51
脂肪交雑　86, 94
脂肪酸　87

脂肪色 93
脂肪組織 86
脂肪蓄積量 38
しまり 93
しもふりレッド 94
舎内飼育 16
シャワーイン・シャワーアウト 161
姜曲海（ジャンクハイ）豚 7
十二指腸 82
雌雄別飼養 22
受精 67
受精能 59
主働遺伝子 100
主要ミネラル 42
春機発動 59
上位性 102
消化器官 81
脂溶性ビタミン 46
小腸 82
消毒 160
正味エネルギー 33
上物率 92
食品製造副産物 54
食品リサイクル法 168
食欲 48
初乳 21, 73
飼料 51
——の粒度 51
飼料価格 18
飼料化処理技術 55
飼料摂取量 32, 49
飼料用米 53
心筋 84
人工授精 67
新生児黄疸症 109
心臓 83
腎臓 83
真乳頭 71
金華（ジンファ）豚 7, 103
深部膣内電気抵抗 60

随意筋 84
水質汚濁 169
水質汚濁防止法 170
推進食品循環資源 54
膵臓 82
推定育種価 135
水分要求量 42
水溶性ビタミン 47

スタニング 90
ストレス感受性症候群 115

精管 83
制限給餌 49
精子 59
成熟卵胞 62
清浄化 165
生殖器 83
性成熟 59
性腺刺激ホルモン放出ホルモン 192
精巣 83
精巣上体 83
生体販売 89
生体評価 92
成長 78
精嚢線 83
赤色筋繊維 85
赤体 62
赤血球抗原型 107
せり取引 90
セレン 45
背割り 91
全きょうだい 117
染色体 112
染色体異常 112
染色体数 3, 112
先天性奇形 110
選抜 125
選抜基準 127
選抜差 125
選抜指数法 127
選抜反応 125
選抜目標 127

総エネルギー 33
騒音 169
相加的遺伝子効果 118
臓器移植 28, 186, 187
早期離乳・分離飼育法 21, 76
総合衛生対策 164
増殖性腸炎 142
早発性下痢症 139
ソーセージ 98
粗タンパク質 36

タ 行

第 1 制限アミノ酸 36

太湖（タイコウ）豚 7
代謝エネルギー 33
代謝体重 37
大腸 83
大腸菌症 138, 139
堆肥化処理 179
大ヨークシャー 6, 8, 17, 103
対立遺伝子 100
多価不飽和脂肪酸 88, 96
タムワース 6
単胃動物 81
タンパク質 34, 86
——の代謝 86
タンパク質蓄積量 38
タンパク質要求量 40

チアミン 47
チェスターホワイト 7
畜産環境問題 169
膣 83
窒素 175
窒素過剰 170
中国のブタ生産 14
注射 165
中性脂肪 33, 87
中ヨークシャー 6
超音波法 92
超急性拒絶反応 29, 188
直接検定 9
直腸検査法 61

低タンパク質飼料 42, 52, 178
鉄 44
デュロック 6, 8, 17, 103
伝染性胃腸炎 150

銅 45
トウキョウX 8, 94
糖鎖抗原 188
糖尿病モデルクローン豚 187
動物愛護 189
トキソプラズマ 154
独立の法則 100
トコトリエノール 46
トコフェロール 46
と畜 90
と畜検査 91
止雄 134
トリアシルグリセロール 33
トリグリセリド 86

トリプシン　35
トリプトファン　51
東北民（ドンバイミン）豚　7

ナ　行

ナイアシン　47
ナトリウム　44
生ハム　97
生ワクチン　165
軟脂豚　95

肉質　92, 116, 131
肉色　93
ニコチン酸　47
日本のブタ生産　15
日本飼養標準　37
日本脳炎　149
乳管　72
乳汁移動　72
乳汁分泌　72
乳腺　71
乳槽　72
乳頭　71
乳房　71
尿素　87
尿道球腺　83
妊娠　68
妊娠黄体　68
妊娠期間　69
妊娠認識　68

ネガティブ・フィードバック　64
熱量増加　33

農場サイズ　19
農場飼料要求率　16

ハ　行

肺　83
胚　67
バイオセキュリティ　21, 24, 147, 160
配合飼料　51
排水　176
排水基準　171
排泄量　174
肺虫　158
胚の子宮内移行　67
ハイブリッド豚　7, 17
ハイヘルス　24
排卵　60, 62
バークシャー　6, 8, 17, 103
白色筋繊維　85
白体　62
発育不全症候群　147
曝気式ラグーン法　182
白血球抗原型　108
発酵乾燥法　56
発情　60
発情期　61
発情周期　60
——と内分泌環境　61
発情前期　61
発情徴候　60
発色剤　97
発泡消毒　161
ハム　97
ハモン・イベリコ　97
パルボウイルス病　149
パルマハム　97
半きょうだい　117
繁殖器官　83
繁殖形質　116, 131
伴性遺伝　101
パントテン酸　48
反復率モデル　129
ハンプシャー　7, 103

肥育農場　16
ピエトレン　6, 103
ビオチン　47
皮下脂肪　86
ヒゼンダニ　158
ビタミン　41
ビタミンA　46
ビタミンB_1　47
ビタミンB_2　47
ビタミンB_6　47
ビタミンB_{12}　45, 48
ビタミンC　48
ビタミンD　46
ビタミンE　46
ビタミンK　46
ビタミン要求量　45
ピッグフロー　20, 163
必須アミノ酸　35, 52
——の理想バランス　37, 40
微働遺伝子　100
泌乳　71
非必須アミノ酸　35
非フィチンリン量　43
皮膚炎腎症症候群　148
標準化選抜差　126
病性鑑定　163
ピリドキシン　47
微量ミネラル　43
品種　5, 8
品種改良　8

ファンクショナルクローニング　113
黄准海黒（ファンワイハイヘイ）豚　7
フィターゼ　43, 178
フィチン態リン　43, 178
フェーズ・フィーディング　22
フォールベーグ効果　64
不活化ワクチン　165
不完全優性　101
副生殖腺　83
浮腫病　140
不随筋　84
豚インフルエンザ　148
豚疥癬　158
豚回虫　157
豚胸膜肺炎　138, 143
豚呼吸器病症候群　146, 148
豚サーコウイルス2型感染病　147
豚サーコウイルス関連疾病　148
豚産肉能力検定　9
ブタジラミ　159
ブタ生産の経営収支　18
ブタ生産のシステム　15, 22
豚赤痢　142
豚丹毒　145
豚伝染性胃腸炎　150
豚肉　4, 10, 27
豚肉消費量　10
豚肉の加工品　96
豚肉輸出量　10, 11
豚肉輸入量　11, 12
豚肺虫　158
豚パルボウイルス病　149
豚繁殖・呼吸障害症候群　146, 147

豚鞭虫　155
豚マイコプラズマ肺炎　132, 138, 145
豚流行性下痢　150
豚ロタウイルス病　151
不断給餌　49, 51
不飽和脂肪酸　87
ブリティッシュ・サドルバック　6
プレミックス　41
プロジェステロン　62
プロシュート・デ・パルマ　97
プロスタグランジン $F_{2\alpha}$　62
プロラクチン　69, 73
分散分析　116
ふん尿処理　174, 179
ふん尿処理施設　172
ふん尿の分離　177
分娩　68
分娩誘起　70
分離の法則　100
ふん量の低減化　178

平滑筋　84
ベーコン　98
ベーコンタイプ　5
ペッカリー　1
ヘテロシス　7
ヘテロ接合体　100
ペプシン　35
ベロ毒素産生大腸菌　140
鞭虫　155

放牧養豚　190
飽和脂肪酸　87, 96
ポジショナルクローニング　113
ポジティブ・フィードバック　64
母性遺伝　103
母性遺伝効果　118
補体　188
哺乳回数　72
ホモ接合体　100
ポーランドチャイナ　7

マ　行

マイクロサテライトマーカー　135
マイコプラズマ肺炎　145
マーカーアシスト選抜　134, 135
マグネシウム　44
マーブリング　86, 94
マルチサイト生産　19
マンガリッツァ　6
マンガン　44

ミオグロビン　85, 93
ミオシン　84
水　42
ミトコンドリア DNA　3, 102
ミートタイプ　5
ミニチュアブタ（ミニブタ）　8
ミニマムディジーズ豚　162
ミネラル　41
ミネラル要求量　42

無機態リン　43

梅山（メイシャン）豚　7
メチオニン　51
免疫去勢法　192
免疫グロブリン　73
免疫不全豚　29, 187
メンデルの法則　100

盲腸　83
モデル動物　28, 186
素豚　89

ヤ　行

有効リジン量　41
優性効果　118
優性ネガティブ　102
優劣の法則　100
油温脱水法　56
ユダヤ教　28
湯はぎ　89

葉酸　48
ヨウ素　45
ヨークシャー　6
余剰食品　54
予防衛生　160
ヨーロッパのブタ生産　12

ラ　行

ラコム　7
ラージブラック　6, 103
ラージホワイト　6
ラード　27
ラードタイプ　5
卵管　83
卵管膨大部　67
卵巣　61, 83
ランドレース　6, 8, 17, 103
卵胞　61
卵胞刺激ホルモン　63
卵胞初期　61

リキッドフィーディング　56
リジン　40, 51
リジン有効量　41
リジン要求量　40
離乳　74
離乳後下痢症　140
離乳後多臓器性発育不良症候群　148
離乳後の発情回帰性　76
離乳豚生産繁殖農場　16
リボフラビン　47
流行性下痢　150
量的形質　99, 116
量的形質遺伝座　99
量的形質遺伝子座　134
リラキシン　68, 69
リン　43, 175, 178

レチナール　46
レチノイン酸　46
レチノール　46
連鎖　102
連鎖解析　114
連鎖不平衡　114

ロタウイルス病　151
六白　103
ロバートソン型転座　113

ワ　行

ワクチン　165

編集者略歴

鈴木啓一（すずき けいいち）

1950年　宮城県に生まれる
1979年　東北大学大学院農学研究科博士課程修了
現　在　東北大学大学院農学研究科資源生物科学専攻教授
　　　　農学博士

シリーズ〈家畜の科学〉2
ブタの科学　　定価はカバーに表示

2014年3月10日　初版第1刷
2018年12月15日　第3刷

編集者　鈴　木　啓　一
発行者　朝　倉　誠　造
発行所　株式会社 朝　倉　書　店
東京都新宿区新小川町6-29
郵便番号　162-8707
電　話　03(3260)0141
FAX　03(3260)0180
http://www.asakura.co.jp

〈検印省略〉

中央印刷・渡辺製本

ISBN 978-4-254-45502-1 C 3361　Printed in Japan